ECKO

ECKO

WEGEN ERFOLG **GEFEUERT**

Eine wahre Geschichte über das Scheitern in Unternehmen und was junge Führungskräfte aus einer Fehlerkultur lernen können.

BY

KURT GASSNER

My-mindguide.com

Ecko
Kurt Gassner

First Edition, 2022

Impressum
My-mindguide – The publishing trademarke of trendguide Capital GmbH, Klenzestr. 42a, 80469 Munich, Germany.

Reg. Nr. HRB Munich 206639, VAT 152 123 159, CEO: Kurt Friedrich Gassner
Web: www.my-mindguide.com, mail: gassner@my-mindguide.com

Paperback ISBN: 978-3-949978-88-3
Hardback ISBN: 978-3-949978-89-0

Inhaltsverzeichnis

Vorwort

Der Beginn einer Ära: Ein Multi -Medienversand wird dem klassischen Buchclubgeschäft gefährlich

Diese Geschichte beruht auf einer wahren Begebenheit.
Sie handelt von der Kultur des Scheiterns im modernen Management.

Wir schreiben das Jahr 1989. Der *Deutsche Bücherbund*, ein Teil der *Holtzbrinck-Gruppe* in Deutschland, suchte nach einem neuen Geschäftsmodell, da das alte nicht zukunftsfähig war. Mehr als zwei Millionen Buchclub-Abonnent*innen waren verpflichtet, vier Bücher pro Jahr zu kaufen. Außerdem wurde ihnen zu Weihnachten ein fünftes Buch angeboten.

Dieses Geschäftsmodell war eine wahre Goldgrube. Können Sie sich vorstellen, dass zwei Millionen Menschen jedes Quartal mindestens einen Pflichtkauf tätigen?

Die meisten Bücher werden als Hauptvorschlagsband beworben, daher kostet es weniger Geld, sie zu produzieren. Es ist teuer geworden, neue Abonnent*innen zu gewinnen, denn diese erfordern höhere Ausgaben. Die Kosten schossen also in die Höhe. Für die Geschäftsleitung war es naheliegend, dass das Geschäftsmodell nicht mehr zeitgemäß war

Der Vorstandsvorsitzende Herr Unkelbach und Herr Grünberg, der Marketingleiter, arbeiteten zu dieser Zeit gemeinsam an Ideen für Kataloge und Werbung. Ich war für den Deutschen Bücherbund als Werbeagentur tätig und wir entwickelten Strategien, um das Geschäftsmodell zu revolutionieren.

Wir entwarfen ein neues Modell, das besser war als das alte. Der Gedanke dahinter war, Bücher, Medien und andere Waren auf unterhaltsame Art und Weise über den Versandhandel zu verkaufen - ohne Clubbindung.

Es war nicht leicht, die konservative Holtzbrinck-Gruppe zu überzeugen. Kurz nach dem Start des neuen Geschäftsmodelles wurde das gesamte Unternehmen an die *Kirch-Gruppe*, das damals größte Unternehmen für Filme und Lizenzvergabe in Europa, verkauft.

Die Kirch-Gruppe war an dem Konzept des Unternehmens interessiert. Es kam zu einem Pitch zwischen *Springer & Jacobi*, einer hochkarätigen Top-Agentur in Hamburg, und mir, einer mittelgroßen Agentur in München. Überraschenderweise gewannen wir, doch das war nur der Anfang.

Ich stellte ein erstklassiges Team zusammen, bestehend aus Dhalan Netch, einem Creative Director aus New York und Prof. Anton Mayr, einem Marketing-Berater. Ich stellte auch viele Leute aus dem Ausland ein, darunter Art-Directors aus London. Wir kauften die ersten Apple-Computer direkt aus den USA und importierten sie.

Herr Grünberg baute ein völlig neues, hoch motiviertes Team von Einkäufer*innen und Spezialist*innen für Kund*innenbetreuung auf. Es war schon seltsam, dass der alte, konservative Bücherbund Tag und Nacht mit den Startup-Jungs in Jeans und Turnschuhen zusammenarbeitete.

Wir erfanden *ECKO*, das erste Versandhaus, das Bücher, Videos und alle Arten von Medien verkaufte, von denen Sie einige auch heute noch bei Amazon finden können. Zu Beginn setzten wir auf Service, großen Enthusiasmus und ein Sortiment, das sich sehen lassen konnte.

Unglaublich, aber die Bestellungen gingen in Millionenhöhe ein. Wir verkauften ein Stück der Berliner Mauer, investierten viel in die Infrastruktur, das Lager und den Versand, und nach einem Jahr stiegen die Umsätze in zweistellige Millionenhöhe. Doch das Geschäft war immer noch nicht profitabel genug.

Wir beschlossen, etwas Neues zu versuchen. Herr Grünberg und ich erschufen eine völlig neue Unternehmenskultur. Es gab keinen Unterschied mehr zwischen Kund*innen und Agenturen. Das ganze Team hatte ein gemeinsames Ziel und ein einheitliches Energieniveau.

Das Ganze war höchst verdächtig und das konservative Management behielt uns genau im Auge. Aber es funktionierte. Niemand kümmerte sich um die Arbeitszeit. An manchen Wochenenden waren die Büros überfüllt und wir arbeiteten bis spät in die Nacht.

Damit begann unser Durchbruch.
1990 war ECKO der neue Hecht im Karpfenteich des Versandhandels. Wir waren in der deutschen Buch- und Medienbranche in aller Munde. Auf der wichtigsten Direktmarketing-Messe in Stuttgart war ECKO das Gesprächsthema des Tages. Alle waren erstaunt über unsere Fortschritte. Jeden Monat konnten wir Tausende von

neuen Kund*innen außerhalb des Clubs gewinnen. Alles lief gut und das gesamte Team war höchst motiviert.

Und dann geschah es.
1991 wurde der Deutsche Bücherbund an *Bertelsmann* verkauft, unseren größten Konkurrenten und der Betreiber des größten Buch- Clubgeschäfts Europas. Nach dem Verkauf stellten wir die Perspektiven von ECKO vor. Wir hatten viele Stammkund*innen und vertraten die Ansicht, dass dieses Geschäft die Lebensader des gesamten Buchclubgeschäfts darstellte.

Wir wiesen darauf hin, dass wir begonnen hatten, mit BTX zu arbeiten, einer Mischung aus Telefon und Fernsehen, um Bestellungen entgegenzunehmen und sagten voraus, dass BTX oder ein ähnliches elektronisches Gerät in Kürze die Welt erobern und das Marketing revolutionieren würde. Nein, wir hatten keine Ahnung, wie genau das vonstattengehen würde.

Wir stellten uns ein elektronisches System für Interaktionen vor und dachten, wir stünden kurz vor einer Revolution in der Welt des Versandhandels. Wir hatten zudem den Plan, dieses Konzept weltweit zu verkaufen. Ja, wir hatten große Träume und eine klare Vision. Herr Grünberg, mein Team und ich arbeiteten wildentschlossen. Ich kümmerte mich um den kreativen Teil, während er sich mit den Zahlen herumschlug.

Aber der Plan ging nicht auf. Es wurde beschlossen, ECKO - die Perle der Innovation - an einen Verlag namens *WELTBILD* zu verkaufen, der sich 1991 im Besitz der deutschen katholischen Kirche befand.

ECKO war damals ein Nebengeschäft für dieses Unternehmen, das ungeliebte Stiefkind.

Bald verschwand es vom Markt und eine große Zukunft ging verloren. Weltbild ging ein paar Jahre später pleite.

Das war eine Katastrophe für uns alle. Hunderte von Menschen wurden entlassen und ich musste mehr als vierzig Mitarbeiter*innen kündigen.

Herr Grünberg gründete ein großes Lotterieunternehmen und machte ein Vermögen.

Ich gab auch nicht auf. Mein Creative Director Dhalan Netch, ging zurück nach Miami und wir gründeten gemeinsam eine Werbeagentur in den USA. Ich startete daraufhin neue Unternehmungen in Deutschland und Österreich.

Viele Menschen erinnern sich noch an die glorreichen Tage von ECKO, vielleicht der eigentliche Vorläufer von Amazon.

Was wäre passiert, wenn das Management von Bertelsmann anders entschieden hätte? ECKO war mit dem klassischen Versandhandel bereits im zweiten Jahr nah an die Gewinnzone herangerutscht.

Es war unsere Vision, die erste Website mit einer Datenbank von zwei Millionen kaufenden Kund*innen zu sein. Wie verrückt! Man dachte, die Welt wäre in Ordnung, wenn man das Buchclubgeschäft monopolisieren würde. Also wurde der Deutsche Bücherbund gekauft, um damit den strategischen Konkurrenten auszuschalten und das Geschäft zu monopolisieren.

Diese Entscheidung folgt einem Muster, das auch bei heutigen Großunternehmen sehr häufig zu beobachten ist: monopolisieren, Kosten und Wettbewerb reduzieren, neue Unternehmungen blockieren, niemals Risiken eingehen und niemals die Unternehmenskultur ändern. Diese Entscheidung war ein milliardenschweres Desaster.

Heute ist der Wert von Amazon etwa 100 Mal höher als der Wert von Bertelsmann. Und was geschah mit den Entscheidungsträger*innen?

Sie alle wurden mit Boni und fetten Pensionen belohnt, denn es ist Teil der Managementkultur in Europa, dass man, sobald man es in den Club der Entscheidungsträger*innen (CEO oder ähnlich) schafft, dort sein Leben lang unterkommt (man muss schon den sprichwörtlichen goldenen Löffel stehlen, um gefeuert zu werden).

Heute ist das Buchclubgeschäft tot. Amen. Ruhe in Frieden. Amazon hat es mit einer ähnlichen Grundidee wie ECKO geschafft: zahlreiche Dienstleistungen, einfache Transaktionen, internationales Denken, keine Bedingungen. Genau wie wir es vorausgesagt hatten, wurde 1990/91 das Internet ins Leben gerufen. 1993 gingen die ersten Websites online und im Juli 1994 eröffnete Jeff Bezos in einer Garage sein Unternehmen und gründete Amazon.

Wir mussten uns dieser komplexen Realität stellen.
Meiner damaligen Meinung nach scheiterten Menschen, wenn sie keine Ahnung von dem hatten, was sie taten. Ich hatte den Eindruck, dass dies auf mich oder unsere Idee nicht zutraf, zumal wir schon früher erfolgreich gewesen waren. Ganz nach dem Motto: *„Ich war schon einmal erfolgreich. Ich werde auch diesmal erfolgreich sein.“*

Fehlschläge waren etwas, von dem nur andere Menschen betroffen waren. So dachte ich zu jener Zeit. Folglich war ich der Meinung, ich hätte allen Grund, überheblich zu sein. Ich hatte eine beeindruckende Erfolgsserie mit nur wenigen kleinen Rückschlägen vorzuweisen.

Das Biest des Scheiterns nahm mich jedoch in seine Klauen und biss mich in den Hintern, gerade als ich neue Höhen des Selbstbewusstseins und der Tapferkeit erreicht hatte. Mein sachkundiger, kompetenter und bestens vorbereiteter Hintern bekam einen kräftigen, nur schwer übersehbaren und unvergesslichen Biss. Ich hatte die Wahl, meine Wunden zu lecken oder zurückzubeißen. Ich entschied mich dafür, zurückzubeißen. Das Scheitern wurde zu meinem Erzfeind. Ich bin immer noch davon besessen, ihn zu besiegen, und ich habe es mir zur Aufgabe gemacht, es anderen beizubringen. Dieses Buch ist Teil meiner Mission.

Warum dieses Buch?

Meine Geschichte soll einen Denkanstoß im Bereich Management und Führung geben. Ich halte dies für eine Notwendigkeit, um bessere und klügere Führungskräfte zu fördern.

In den nächsten Kapiteln werden die gängigsten Führungsstile untersucht. Zum einen gibt es kleine, unbedeutende Herausforderungen, die nur geringe Auswirkungen auf die Karriere einer Führungskraft haben. Zum anderen existieren jedoch auch die großen, öffentlichkeitswirksamen, verheerenden Herausforderungen, die ganze Karrieren zerstören können. Und je höher man in einem Unternehmen aufsteigt, desto gravierender können die Fehler und die daraus resultierenden Folgen werden.

Denken Sie an das Klettern. Wie angehende Führungskräfte konzentrieren sich auch angehende Kletterer/Kletterinnen auf die Entwicklung von Fähigkeiten und Techniken. Zum Beispiel üben sie das Knüpfen von Knoten. Geht es schief, sind Schrammen und blaue Flecken das Ergebnis. Selbst ein tiefer Sturz ist fast immer zu verkraften, wenn auch möglicherweise mit größeren Folgen. Wenn die Kletterer/Kletterinnen Fortschritte machen, bilden sich Teams oder „Seilschaften". Die Kletterer/Kletterinnen sind jetzt aufeinander angewiesen, um am Leben zu bleiben. Ein einziger falsch gesetzter Haken kann zum Tod eines Teammitglieds führen.

Der/die Leiter*in der Seilschaft trägt hier die Verantwortung, weitere spezielle Fähigkeiten zu entwickeln und zu perfektionieren, um sein/ihr Team zu schützen und zu leiten. Durch Versuch und Irrtum können Anführer*innen von Seilschaften einen erkennbaren „Sinn und Zweck der Route" auf einem Berg entwickeln. Für das ungeschulte Auge mag dieser Orientierungssinn vielleicht intuitiv erscheinen, erfahrene Kletterer/Kletterinnen wissen jedoch, dass er sich aus einer Reihe von Erfolgen und – was noch wichtiger ist – Misserfolgen entwickelt hat. Der/die Anführer*in sorgt dafür, dass das Ziel (die Route zum Gipfel) klar erkennbar und erreichbar ist. Die gesamte Seilschaft könnte abstürzen, wenn der/die Anführer*in einen Fehler macht.

Im Geschäftsleben gibt es die gleichen Beziehungen. Wie junge Kletterer/ Kletterinnen sind auch viele junge Führungskräfte damit ausgelastet, sich Fachkenntnisse anzueignen. Ihre Verantwortung für Ressourcen ist in der Regel begrenzt, das gilt auch für die Auswirkungen ihres Handelns, die über ihren Erfolg oder Misserfolg hinausgehen.

ECCO

14-TAGE RÜCKGABERECHT
Paßt nicht? Zurückschicken! Bei ECCO haben Sie die Hosen an.
ECCO will zufriedene Kunden. Deshalb haben Sie 14 Tage lang volles Rückgaberecht (Musik & Video bitte nur original verpackt), falls mal etwas nicht Ihren Erwartungen entspricht. Agal, aus welchem Grund. Unsers Devise: Über Geschmack läßt sich streiten, über guten Kundendienst nicht.
ECCO
DER BUCH, MUSIK UND VIDEO EXPRESS
DIE TOTEN HOSEN
1000 GUTE GRÜNDE

Einführung

Das Paradoxon des Scheiterns

Scheitern und Niederlage sind die besten Lehrmeister des Lebens. Zwar macht jede große Führungskraft Fehler, doch es gibt eine Grenze, wie viele Fehler sie sich leisten kann, bevor sie sich als ungeeignet für eine Führungsposition erweist. Man kann nur begrenzt viele Sprossen von der Karriereleiter hinunterfallen, bevor man deren Ende erreicht. Und je höher man aufsteigt, desto schlimmer wird der Sturz. Ein Scheitern erscheint undenkbar. An diesem Punkt beginnt die Abwärtsspirale des „Gewinnens um jeden Preis", selbst wenn dies bedeutet, Fehler zu verbergen, Untergebene zu beschuldigen oder sogar zu lügen. Einfach ausgedrückt: Scheitern ist auf einer bestimmten Ebene nicht mehr möglich. Um Erfolg zu haben, müssen wir jedoch mit dem Scheitern vertraut sein. Darum geht es beim Paradoxon des Scheiterns.

In diesem Buch sprechen wir offen und anschaulich über die Dinge, über die es schwer ist, zu sprechen. Es stimmt. Wir alle machen Fehler und manchmal lernen wir aus ihnen. Die wahre Chance liegt jedoch darin, dass wir aus den Fehlern anderer lernen können, bevor wir selbst mit ähnlichen Problemen konfrontiert werden. Wir können die Lehren daraus ziehen, ohne den Preis dafür zu zahlen. Und diese Auffassung beginnt sich durchzusetzen.

Mittlerweile ist bekannt, dass die Fähigkeit, aus Fehlern zu lernen (sowohl aus den eigenen als auch aus den Fehlern anderer) eine Führungskraft auszeichnet.

Wie oft sprechen wir über das Lernen aus Fehlern? Wie oft über das Lernen aus Erfolgen? Meine Erfahrung mit ECKO hat mich zum Nachdenken gebracht. Da wir alle eine unterschiedliche Erziehung genossen haben und die meisten von uns in der Vergangenheit für Fehler bestraft wurden, konnte ich der vielfältigen Belegschaft meines Unternehmens nie vermitteln, dass sie keine Angst vorm Scheitern haben sollen, und erwarten, dass dies sofort umgesetzt würde. Heutzutage erkenne ich, dass einflussreiche Führungskräfte und Coaches Geschichten erfinden müssen, die das Scheitern und die damit verbundenen großartigen Entwicklungsmöglichkeiten preisen. Dann müssen sie diese Geschichten wiederholt erzählen, bis ihre Mitarbeiter*innen sie verstehen und glauben.

Wir werden schon früh darauf konditioniert, dass Fehlschläge mit Scheitern einhergehen. Auf Fehler folgt Demütigung, Strafe und Entlassung. Daher erlauben wir uns keine Fehler, spielen sie herunter und können folglich auch keine neuen Erkenntnisse daraus ziehen. Das Ziel sollte deshalb sein, eben diese Einstellung zu verändern. Das geht nicht von heute auf morgen. Glaubenssätze, die man ein Leben lang mit sich herumträgt, verschwinden nicht durch eine einzige motivierende Ansprache. Doch man kann gezielt daran arbeiten. Und das werden wir hier tun.

Da ich der Meinung bin, dass Scheitern nicht nur hinnehmbar, sondern vielmehr notwendig ist, müssen meine

Teamkolleg*innen darum ringen, ihre Ängste vor dem Scheitern zu überwinden.

Nach über 40 Jahren im Geschäftsleben bin ich mir sicher, dass der kürzeste Weg zum Erfolg darin besteht, eine angstfreie Einstellung zum Scheitern zu erlernen. Führungskräfte und deren Mitarbeiter*innen müssen sich jeden Tag aufs Neue anstrengen, um ihre Arbeit gut zu erledigen, erfolgreich zu sein und ihre Unternehmen wettbewerbsfähig zu erhalten. Sie müssen unter anderem gewagte, wegweisende, bahnbrechende Ideen, Pläne, Präsentationen, Ratschläge, Technologien, Produkte und Entwürfe vorlegen und all das, ohne dabei Angst vor Versagen, Ablehnung oder Bestrafung zu haben. Ein enormer Druck also.

Um dies zu erreichen, müssen Führungskräfte und Manager*innen Misserfolge annehmen. Für viele mag das einen gewaltigen Vertrauensvorschuss bedeuten, bis sie selbst die Erfahrung gemacht haben, dass es sich lohnt. Bis dahin hoffe ich, dass die Geschichten über meine dramatischen Misserfolge und die Lehren, die mein Unternehmen und ich daraus gezogen haben, Sie motivieren werden, das Scheitern gebührend zu feiern.

Über Führungskräfte

Führungskräfte sind Menschen wie Sie und ich. An der Spitze der geforderten Qualitäten steht immer ein Mensch mit Fehlern und Schwächen. Der Druck, alles im Griff zu haben und den Überblick zu behalten, ist bei Führungskräften groß. Dadurch werden Verhaltensweisen erlernt, durch die die Pflege der eigenen geistigen Gesundheit vernachlässigt wird. Ohne Zeit für Selbstfürsorge wenden sich Führungskräfte lieber der

Aufsicht über die Mitarbeiter*innen und den betrieblichen Abläufen des Unternehmens zu.

Eine Führungskraft hat verschiedene Aufgaben in einem Unternehmen. Sie muss nicht nur die Produktivität des Teams sicherstellen, sondern auch Konflikte schlichten, die Weiterentwicklung der Arbeit unterstützen, Mängel und Schwachstellen beheben und vor allem das Vertrauen des Teams stärken.

Obwohl Führungspositionen sehr einträglich sind, ist die Wahrscheinlichkeit groß, dass Führungskräfte unter übermäßigem Stress leiden. Gleichzeitig muss die Führungskraft mit großem Druck, der Forderung nach Ergebnissen und erhöhter Verantwortung umgehen. Dies wiederum ist häufig die Ursache zahlreicher gesundheitlicher Probleme.

Die Angst vor dem Menschsein

Angst ist ein menschlicher Urinstinkt und eine Überlebensstrategie zur Aktivierung von Vermeidungs- und Fluchtreaktionen. Sie trägt dazu bei, gefährliche Situationen zu erkennen und schnell handeln zu können. Obwohl das Empfinden von Angst den Menschen vor vielen Gefahren beschützt, steht die Angst ihm in der heutigen Zeit oft im Weg. Wir alle haben vor irgendetwas Angst und auch Führungskräfte haben Angst, ganz gleich, wie sehr sie versuchen, uns vom Gegenteil zu überzeugen. Viele Topmanager*innen kennen das Gefühl, dass ihnen der Boden unter den Füßen wegrutscht. Ein CEO vertraute mir kürzlich an: *„Mir wurde beigebracht, bei der Arbeit niemals Gefühle oder Verletzlichkeit zu zeigen."* Ein ungesundes und veraltetes Verhaltensmuster. Angst äußert sich bei Führungspersonen gewöhnlich in einer der folgenden drei Formen:

Angst vor dem Umgang mit den eigenen Gefühlen
Der Blick nach innen ist schwierig und kann für eine vernünftig denkende Führungskraft als gefährlich wahrgenommen werden, wenn sie sich auf ihre analytischen Fähigkeiten verlässt. Die Analyse des eigenen *Ich* kann alles durcheinanderbringen. Noch beängstigender scheint dann, dass die Offenbarung des tatsächlichen *Ich* das Außenbild erschüttern kann. Wirkt sie plötzlich schwach? Was, wenn sie die Kontrolle, die Autorität, den Respekt oder sogar Sympathie einbüßt?

Angst vor Chaos
Einige Führungskräfte glauben, dass es kontraproduktiv für die Arbeit ist, wenn alle Mitarbeiter*innen sich gegenseitig als individuelle Persönlichkeiten behandeln und zu enge Freundschaften aufbauen.

Ein Topmanager erklärte mir einst: „*Das Büro ist kein Ort für Gefühle*". Führungskräfte haben oft Angst davor, die Kontrolle abzugeben. Sie sind unsicher, ob ihre Mitarbeiter*innen die Aufgaben richtig machen und versuchen deshalb, alle Probleme selbst zu lösen.

Angst vor dem Scheitern
Viele Führungskräfte wissen nicht, wie sie bei der Arbeit mit Gefühlen umgehen sollen, sowohl mit ihren eigenen als auch mit den der anderen. Ein Kunde fragte mich einmal: „*Was passiert, wenn mein Mitarbeiter mir erzählt, dass er einen Elternteil oder Ehepartner durch COVID-19 verloren hat? Was ist, wenn jemand weint? Ich habe keine Ahnung, was ich dann tun oder sagen soll!*"

Führen mit Herz und Seele erfordert Fähigkeiten und Fertigkeiten, die Führungskräfte, die sich an ihrem Urteilsvermögen orientieren, noch nicht besitzen. Schlimmer noch: Da diese

Führungskräfte es gewohnt sind, erfolgreich zu sein, haben sie in solchen Fällen Angst vor fatalen Misserfolgen.

Viele Führungskräfte fragen sich, wie sie mehr Menschlichkeit in die Führungsposition einbringen können. Die Fachleute, die diese Position bekleiden, sind jedoch Menschen. Warum geben sie sich so viel Mühe, diese offensichtliche Seite ihrer Existenz zu verbergen?

Es muss einen besseren Weg geben

Die Frage nach dem „*Warum*" wird nicht oft genug gestellt. Das Problem ist, dass die Geschäftswelt ständig auf der Suche nach dem eigenen Selbst ist. Das alte Modell lässt sich nur schwer aufgeben. Es ist immer noch sehr gegenwärtig, weil Unternehmen Angst haben, sich von ihrer Kultur zu trennen. Die Angst, eine menschliche Führungskraft zu werden, rührt von alten Glaubenssätzen und Erwartungen her. Ich nenne sie *Denkfalle.*

Wir alle verfügen über viele verschiedene innere Stimmen, die bestimmen, wie wir uns selbst, die anderen, die Welt und unser Verhalten wahrnehmen. Manchmal sind unsere inneren Stimmen die Stimmen anderer Menschen, wie unserer Eltern oder Lehrer und manchmal stammen sie von Überzeugungen, Stereotypen und Normen aus unserem Umfeld, insbesondere von sozialen und religiösen Werten. Diese Stimmen prägen unsere Weltanschauung und in manchen Fällen, wenn sie mit traumatischen Ereignissen verbunden sind, können sie sogar die Form unseres Gehirns verändern.

Ich habe viele Führungskräfte getroffen und kann Ihnen versichern, dass diese keine Idioten oder Schwachköpfe waren. Sie wollten gute Arbeit leisten, aber sie ertranken in Prozessen, die sie überforderten. Fast alle von uns leiden unter denselben sichtbaren oder unsichtbaren Denkfallen, die uns zurückhalten und uns Angst vor Veränderungen einjagen. Die gute Nachricht ist: Wir können uns von ihnen befreien.

Wie geht es weiter?

Es erfordert Mut, sich von Denkfallen zu befreien: den Mut, alte Überzeugungen zu überdenken, auf sich selbst und nicht auf die Stimmen anderer zu hören, infrage zu stellen, was Sie bisher für richtig hielten und mit der Angst vor dem Unbekannten umzugehen. Sie können Ihre Denkweise nur ändern, wenn Sie Angst empfinden und dennoch handeln. In diesem Fall können Sie sich von Trugbildern befreien.

Nachdem Sie Ihre Denkfallen erkannt haben, müssen Sie eine neue Sichtweise etablieren. Schaffen Sie ein neues Gedankengebäude. Dazu müssen Sie sich zunächst vorstellen, wer Sie werden könnten, und diese Idee dann in die Tat umsetzen. Eine einzigartige Sichtweise muss tief verwurzelt sein, damit Sie nicht in alte Denk- und Handlungsgewohnheiten zurückfallen. Sie muss in Ihr Leben und Ihre Führung integriert werden. Eine neue Art des Denkens, Lebens und Handelns zu übernehmen, erfordert Übung.

Der Weg von der Denkfalle zum Gedankenkonstrukt trennt die Führungskräfte der Vergangenheit von denen, die die Herausforderungen der Gegenwart und Zukunft erfolgreich meistern können. Auch Sie können eine menschliche Führungskraft werden und unsere Welt ein bisschen besser machen.

TEIL 1
START

ECCO

Kein Club. Kein Kauf-
zwang. Kein Rechnung
ohne den Wirt.
Regelmäßige Kaufverpflichtungen können ganz schön lästig werden. Schon mancher hat festgestellt, daß ihm der Spaß da schnell vergeht. ECCO verpflichtet Sie zu nichts. Bei uns entscheiden Sie, ob Sie bestellen oder nicht. Denn wir wollen nur zufriedene Kunden. Und dazu brauchen Sie keinen Mitgliedsausweis.
ECCO

Kapitel 1

Mangelhaftes Management

Sonderausschüsse, strategische Projekte, Vorstände und ehrenamtliche Tätigkeiten gehören allesamt zu den Aufgaben des Managements. Es bestehen zahlreiche Möglichkeiten, sich neue Fähigkeiten anzueignen, Führungsqualitäten zu demonstrieren und berufliche Weiterentwicklung voranzutreiben.

Idealerweise schließt die Rolle einer Führungsposition auch Herausforderungen ein, an denen diese wachsen und ihre Fähigkeiten unter Beweis stellen kann. Die Aufträge müssen jedoch machbar sein. Versuchen Sie nicht, fünf Stufen auf einmal zu überspringen, denn das würde das Risiko des Scheiterns erhöhen.

An der Spitze ist es einsam, sagt man. Als Führungskraft werden Sie feststellen, dass es immer eine unsichtbare Barriere zwischen Ihnen und Ihren Mitarbeiter*innen gibt. Ganz gleich, wie freundlich und offen Sie mit Ihren Mitarbeiter*innen umgehen, diese werden Sie immer als den/die Chef*in betrachten.

Wenn Sie eine Führungsposition innehaben, können Sie nicht immer ein*e Freund*in für alle sein. Stellen Sie sich vor,

Sie müssten eine*n Freund*in verklagen, wenn er/sie nicht zufriedenstellend arbeitet. Oder noch schlimmer, wie wäre es, einem/einer befreundeten Mitarbeiter*in zu eröffnen, dass er/sie seinen/ihren Arbeitsplatz verliert?

Eine höhere Position bedeutet nicht nur, dass Sie mehr delegieren können, sie sind auch für das Handeln der anderen verantwortlich. Gelegentlich werden Sie also sprichwörtlich die Prügel für die mangelhafte Arbeit eines/einer anderen einstecken müssen. Rechnen Sie damit, dass Ihre Arbeitsbelastung zunimmt und Sie länger arbeiten müssen.

Scheitern ist nicht tödlich, auf die Haltung kommt es an. Geben Sie nicht ihren Mitarbeiter*innen oder allen möglichen äußeren Umständen die Schuld. Sie müssen akzeptieren, was geschehen ist und die Gründe für Ihr Scheitern verstehen, damit Sie schnell wieder auf die Beine kommen.

Führungskraft werden

Sie denken, Sie können mit Ihren Fehlern und Emotionen umgehen und wollen eine Führungskraft werden? Das ist zwar sehr erfreulich, aber so weit sind Sie noch nicht.

Um die Rolle einer Führungskraft einzunehmen, brauchen Sie eine gewisse Begabung. Ihre Vorgesetzten müssen Ihnen Ihre Eignung bescheinigen, damit Sie die Stelle bekommen. Außerdem müssen Sie sich in Ihrem Fachgebiet auskennen und dies auch nach außen hin zum Ausdruck bringen.

Der erste Schritt auf dem Weg zur Führungskraft besteht also darin, sich bei den Menschen, die über Ihre Beförderung entscheiden, in ein gutes Licht zu rücken. In der Regel bedeutet dies, dass Sie mehr arbeiten, häufiger Überstunden machen und die derzeitigen Führungskräfte bei ihrer Arbeit unterstützen. Es reicht nicht aus, dem Management zu versprechen, dass Sie Ihre Arbeit besser machen als Ihre Mitarbeiter*innen.

Qualifikationen

Sie müssen kein*e Expert*in sein und nicht alle Managementbücher gelesen haben, um eine Führungskraft zu werden. Es gibt jedoch einige Fähigkeiten, die Sie entwickeln sollten:

- ***Kommunikation*** zwischen Ihnen und Ihren Mitarbeiter*innen, Kolleg*innen und Vorgesetzten: Wenn Sie das Sagen haben, suchen viele Leute tagtäglich das Gespräch mit Ihnen. Bringen Sie sich nicht in Misskredit, indem Sie Ihre Erwartungen zu hoch ansetzen. Sprechen Sie nicht immer selbst, sondern übern Sie sich im Zuhören.

- ***Überzeugungskraft und Motivation*:** Sie werden Ihre Mitarbeiter*innen vom ersten Tag an überzeugen müssen, das zu tun, was Sie wollen. Ob Sie nun wollen, dass Ihre Mitarbeiter*innen mehr Engagement zeigen oder ein größeres Budget vom Vorstand erhalten: Sie werden sie dazu bringen müssen, Ihren Willen durchzusetzen.

- ***Führungsqualitäten sind schwer zu vermitteln, da sie oft auf dem Respekt und dem Vertrauen der Menschen in Ihrer Umgebung beruhen.*** Kurz gesagt, Sie müssen charismatisch genug sein, damit man Ihnen blind folgt, wenn Sie eine bestimmte Richtung einschlagen wollen, auch wenn das bedeutet, gemeinsame Opfer zu bringen.

Fragen, die Sie sich stellen sollten:

1. **Was reizt mich am meisten an einer Führungsposition?**

2. Starke Führungskräfte übernehmen Verantwortung – sowohl für die Arbeit der Teammitglieder als auch für das Wohlbefinden aller am Arbeitsplatz. Fühlen Sie sich von Macht und Autorität besonders angezogen? Dann riskieren Sie Ihr Image und werden in Ihrer Karriere nicht sehr weit kommen.

3. **Besitze ich die nötige Motivation?**
   Motivierte Führungskräfte besitzen Ehrgeiz. Sie wollen ihren Einfluss im Unternehmen geltend machen. Sie wissen, was sie antreibt und verfügen über die innere Stärke, am Ball zu bleiben und andere zu inspirieren.

4. **Wie verhalte ich mich anderen gegenüber?**
   Führungskräfte teilen sich mit, um zu inspirieren. Sie steigern die Moral der Menschen um sie herum. Sprechen Sie gern mit Menschen? Stellen Sie fest, dass sich Ihre Kolleg*innen Ihre Ideen und Ratschläge zu Herzen nehmen? Wenn Sie eher zurückhaltend sind, ist die Rolle einer Führungskraft wahrscheinlich nichts für Sie.

5. **Nehme ich gern neue Herausforderungen an?**
   Führungskräfte lernen aus gemachten Fehlern und erzielen Erfolge. Und vor allem legen sie die Messlatte immer höher und suchen nach neuen Herausforderungen. Sie sind als Führungskraft zum Scheitern verurteilt, wenn Sie und Ihr Team immer wieder die gleichen Fehler machen oder neuen Herausforderungen aus dem Weg gehen.

6. **Habe ich Selbstvertrauen?**
   Erfolgreiche Führungskräfte sind von ihren Fähigkeiten überzeugt, ohne dabei arrogant zu wirken. Gelingt es Ihnen, das richtige Gleichgewicht zwischen der Übernahme von Verantwortung und dem Delegieren von Befugnissen zu finden?

7. **Kann ich mich gut anpassen?**
   Nichts ist schwarz oder weiß. Gute Führungskräfte erkennen vor allem die Grautöne. Ihre Gefühle und Ansichten sind nicht unantastbar. Achten Sie auf die Zwischentöne; passen Sie sich den unterschiedlichen Persönlichkeiten Ihres Teams an.

8. **Nehme ich mir gern Zeit für andere?**
   Eine Führungskraft nimmt sich die Zeit, andere zu führen und Fragen zu beantworten. Wenn Sie noch keine Führungskraft sind, geht es bei Ihrem Erfolg vor allem darum, sich selbst zu entwickeln. Wenn Sie eine Führungskraft sind, liegt es ebenfalls in Ihrem Aufgabenbereich, andere zu fördern.

9. **Bin ich offen für konstruktive Kritik?**
   Hohe Bäume bekommen viel Wind ab. Starke Führungskräfte lassen sich von Kritik nicht erschüttern. Im Gegenteil: Sie wachsen daran. Es ist nicht für jeden selbstverständlich, Kritik nicht zu persönlich zu nehmen. Mit der Zeit können Sie das lernen.

10. **Kann ich mit Auseinandersetzungen umgehen?**
    Intensive Diskussionen sind ein großer Teil des Jobs. Führungskräfte scheuen sie nicht, auch wenn sie dadurch

ehemalige Kolleg*innen oder Freund*innen am Arbeitsplatz verärgern. Sind Sie imstande, renommierte Mitarbeiter*innen für schlechte Leistungen zu tadeln oder sogar zu entlassen?

11. **Übernehme ich gern Verantwortung?**
    Erfolgreiche Führungskräfte fühlen sich nicht nur für ihre eigene Arbeit verantwortlich, sondern ebenfalls für die Leistungen ihrer Teammitglieder. Wenn jemand in Ihrem Team einen Fehler macht, spiegelt dies Ihre Führungsqualitäten wider. Damit umzugehen, ist eine schwierige Herausforderung.

Haben Sie die meisten Fragen mit ***Ja*** beantwortet? Fantastisch! Sie haben die notwendige Energie und Motivation, um es in einer Führungsposition weit zu bringen. Haben Sie häufiger mit ***Nein*** geantwortet? Das ist auch in Ordnung! Viele Menschen fühlen sich unter Druck gesetzt, eine Führungsposition zu übernehmen. Gehen Sie in sich und seien Sie ehrlich zu sich selbst. Wollen Sie wirklich eine Führungsperson sein? Sie können sich auch weiterentwickeln, ohne all diese Verantwortung übernehmen zu müssen.

Die Falle der Leistungsbewertung

Leistungsbewertungen sind ein sehr häufig (falsch) eingesetztes Instrument in Unternehmen.

Was sind Kompetenzen: Ein veränderlicher Zustand oder ein Persönlichkeitsmerkmal?

Bevor Sie eine Leistungsbewertung für eine*n Mitarbeiter*in erstellen, müssen Sie sich fragen, ob Sie einen Zustand oder eine Charaktereigenschaft bewerten wollen.

Ein Zustand verändert sich im Laufe der Zeit. Zum Beispiel: Gefühle, Fähigkeiten, Wissen.

Charaktereigenschaften können beständigere Strukturen aufweisen. Zum Beispiel: eher in sich gekehrte Menschen im Vergleich zu eher aufgeschlossenen Menschen.

Hierfür werden Persönlichkeitstests verwendet, um eine Selbsteinschätzung zu erstellen, die auf sorgfältig ausgearbeiteten Fragen zur Beurteilung von Situationen aufbaut. Und doch ist das fragwürdig.

Wenn wir etwa *Strategisches Denken* oder *Kund*innenorientiertheit* messen wollen, müssen wir zunächst einmal festlegen, ob es sich um einen Zustand oder eine Eigenschaft handelt.

Sofern es sich um einen Zustand handelt, sollten wir entweder eine Umfrage zum Gemütszustand der Person oder einen Test mit richtigen und falschen Antworten durchführen. Niemals sollten Sie oder ein*e Kolleg*in den/die Mitarbeiter*in bewerten, denn Sie können nicht einschätzen, wie stark ausgeprägt die jeweiligen Eigenschaften des/der Befragten in Wirklichkeit sind. Tatsächlich sind Kompetenzen wie *Strategisches Denken*, *Kund*innenorientierung* und *Zielstrebigkeit* eine willkürliche Mischung aus Zuständen und Merkmalen. Es ist nicht klar, ob sie von der Art und Weise herrühren, wie das menschliche Gehirn trainiert wurde, oder davon, was der Mensch gelernt hat.

Untersuchungen von Spitzenleistungen jeglicher Berufsgruppen zeigen, dass eben diese idiosynkratisch sind. Absolute Leistungsträger*innen in jeglicher Hinsicht existieren nur in der Theorie. Jede*r High-Performer*in ist einzigartig und sticht in der realen Welt hervor, weil er/sie herausgefunden hat, was ihn/sie auszeichnet. Von diesem Wissen hat er/sie dann Gebrauch gemacht und es stetig ausgebaut.

Da Kompetenzen nicht messbar sind, ist es unmöglich, die Behauptung zu beweisen oder zu widerlegen, dass (1) jede*r, der/die in seinem/ihrem Job herausragende Leistungen erbringt, über ein hohes Maß an Kompetenz verfügt. Und es ist ebenso unmöglich zu zeigen, dass (2) Menschen, die bestimmte Kompetenzen erworben haben, besser sind als diejenigen, die sie nicht erworben haben.

Personenbezogenes Lernen

An dieser Stelle möchte ich eine Pause einlegen und meine eigenen Unzulänglichkeiten eingestehen. Vor ein paar Jahren, als ich unter Zeitdruck stand, um die Erstellung von Entwicklungspfaden für verschiedene Fachgebiete zu unterstützen, habe ich mich schließlich damit abgefunden, diese mit Listen von Kompetenzen zu füllen und bin dabei in die Falle getappt, über die ich oben gesprochen habe.

Diese Angelegenheit störte mich bereits, aber ich besaß nicht die Kraft, die Zeit und den Mut, etwas Neues zu schreiben, beeinflusst von den Erwartungen, die damit einhergingen.

Mir wurde gesagt, ich solle einfach kopieren und übernehmen, was andere Personaler*innen bereits erstellt hatten. Ich kann mir vorstellen, dass dahinter eine gute Absicht steckte:

„Wir sollten weniger Zeit damit verbringen, das neu zu erfinden, was in Unternehmen, die erfolgreich wachsen, bereits funktioniert.“

Es herrschte die Einstellung, dass es zu viel zu tun gebe.

„Wenn wir die grundlegendsten Dinge infrage stellen, werden wir nicht so schnell vorankommen, wie wir wollen.“

Als ich mit den Personalverantwortlichen einiger Unternehmen gesprochen habe, um herauszufinden, wie die Laufbahnen und Beurteilungen dort funktionieren, habe ich Gefahren und Fallstricke wahrgenommen, die ich später noch beschreiben werde.

Schwierigkeiten bei der Beurteilung von Personen, die in Gruppen zusammenarbeiten

In unserer heutigen Welt ist es üblich, dass Menschen, die komplexe Themen behandeln, in Gruppen zusammenarbeiten müssen:

- Es ist unmöglich, die Leistung eines/einer Einzelnen an der pro Stunde oder Tag erbrachten Gesamtleistung der Gruppe zu messen.
- Die Ergebnisse sind nicht greifbar und schwer zu definieren.
- Die Ergebnisse basieren oft auf Teamleistungen und nicht auf Einzelleistungen.
- Die Messung der Arbeitszeit wird immer unübersichtlicher, da die Arbeit an verschiedenen Orten (z. B. Homeoffice) berufliche und persönliche Aufgaben miteinander verbindet.

Die Erdbeer-Sahne-Falle

Erfahrene Führungskräfte wissen um die Existenz einer Falle, die man salopp als *Erdbeeren und Sahne* bezeichnet. Diese Falle besteht darin, die sogenannte *goldene Regel* zu befolgen, die besagt: „*Behandle andere so, wie du auch von ihnen behandelt werden willst.*“

Betrachten wir diese Regel einmal aus einem anderen Blickwinkel. Nehmen wir an, ich mag Erdbeeren und Sahne. Ich würde Erdbeeren und Sahne jedoch nicht als Köder mitnehmen, wenn ich angeln gehe. Um einen Fisch zu fangen, müssen Sie das, was der Fisch mag, an den Haken hängen, auch wenn Sie selbst eher weniger angetan von Würmern und Maden sind.

Um ein Beispiel zu nennen: Während eines meiner Teamwork-Workshops stand eine Führungskraft auf und entschuldigte sich bei seinen Teammitgliedern dafür, dass er sie ständig herausforderte. *„Probleme und Herausforderungen haben immer schon ein Feuer in mir entfacht"*, meinte er, *„und ich dachte, das gilt auch für alle anderen."*

Wie Sie sehen, hat diese Führungskraft lange Zeit mit Erdbeeren und Sahne geangelt, statt mit einem geeigneten Köder.

Wir alle sind individuell. Manche von uns regen komplexe Aufgaben zum Handeln an, andere fühlen sich schnell ausgenutzt und überfordert. Nicht jede*r hat Freude an einer öffentlichen Dankesbekundung. Nicht jede*r nimmt gern Hilfe von anderen an.

Führungskräfte, die ihre Mitarbeiter*innen kennen, können ein Umfeld schaffen, in dem jede*r Angestellte lohnende Arbeit leistet und einen Mehrwert erzeugt. Solche Führungskräfte sind offen für Kommunikation. Sie schrecken nicht davor zurück, Fragen zu stellen wie:

- *„Was erwarten Sie von mir als Führungskraft?"*
- *„Wie erfülle ich Ihre Kriterien auf einer Skala von 0 bis 10?"*
- *„Was muss ich Ihrer Meinung nach tun, um eine hohe Punktzahl zu erreichen?"*

Es ist wichtig, dem Personal das Gefühl zu geben, dass Sie als Führungskraft versuchen, alle Sichtweisen zu verstehen und so weit wie möglich auf individuelle Bedürfnisse einzugehen. Indem Sie den Menschen geben, was diese normalerweise nicht bekommen, können Sie zurückbekommen, was diese Menschen normalerweise nicht anbieten.

Wenn das Innovationsziel für das gesamte Unternehmen gilt, ist die Führungskraft der Schlüssel dazu

Oftmals gelingen Umstrukturierungen gut, wenn eine Organisation eine*n neue*n Leiter*in hat, der/die eine hervorragende Führungspersönlichkeit ist und die Notwendigkeit eines bedeutenden Wandels erkennt. Wenn das Innovationsziel für das gesamte Unternehmen gilt, übernimmt die Führungskraft eine entscheidende Rolle. Wenn Veränderungen in einer Abteilung erfolgen sollen, ist der/die Leiter*in der Abteilung gefragt.

In der ersten Phase einer Umstrukturierung stellen schlechte Geschäftsergebnisse sowohl einen Segen als auch einen Fluch dar. Auf der Habenseite steht, dass Verluste die Aufmerksamkeit der Menschen auf sich ziehen, dafür gibt es jedoch weniger Handlungsspielraum. Bei guten Geschäftsergebnissen ist es umgekehrt: Es ist viel schwieriger, Menschen von der Notwendigkeit von Veränderungen zu überzeugen. Dafür verfügen Sie über mehr Ressourcen, um den Wandel voranzutreiben.

Kultähnliche Unternehmenskultur

Die bestgeeignete Person sollte also das Team leiten. Obwohl unsere hierarchischen Organisationen wie Leistungsgesellschaften aussehen, in denen die Besten zu Führungskräften werden, ist das oft nicht der Fall.

Selbstbewusste Menschen haben einen Vorteil im *Kampf um die Macht* und steigen eher in der Hierarchie auf. Sie werden als fähiger angesehen und gelten gemeinhin als geeignet für Spitzenpositionen. Dennoch kann es ihnen an wesentlichen Kompetenzen fehlen, wie beispielsweise gut zuzuhören, Mitarbeiter*innen zu coachen und ein*e Teamplayer*in zu sein. Es ist nicht leicht, Führungskräfte auszuwählen und zu entscheiden, wer befördert wird und wer nicht, denn jede*r hält sich für besser als der Durchschnitt. Das ist eine kuriose Sache, denn wenn das wahr wäre, gäbe es keinen Durchschnitt.

Untersuchungen zeigen, dass unsere Bewertungen der anderen oft mehr über uns selbst aussagen als über eben jene. Wir denken über Mächtige anders als über Menschen ohne Macht. Außerdem bevorzugen wir Personen, die uns ähneln. Die Antwort auf die Frage „*Wer ist kompetent?*“ ist verdächtig ähnlich wie die auf die Frage „*Bei wem fühle ich mich wohl?*“.

Viele Organisationen spiegeln eher eine Demokratie als eine Leistungsdemokratie wider. Immer häufiger werden selbstbewusste, aufgeschlossene und durchsetzungsfähige Personen zu Führungspositionen ermutigt. Entscheidungsträger von heute bevorzugen Menschen, bei denen sie Ähnlichkeiten zu sich selbst erkennen. Das erklärt auch, warum Vielfalt, Integration und Gleichberechtigung in der Praxis zu einer Herausforderung werden können.

Die Gefahren einer kultähnlichen Kultur

Idiosynkratischer Effekt

Der *idiosynkratische Effekt* erklärt, dass meine Bewertung von Ihnen, wie beispielsweise Ihres Potenzials, nicht davon abhängt, wer Sie sind, sondern davon, wie ich *Potenzial* definieren würde. Es hängt davon ab, wie viel ich mir von Ihnen verspreche. Es geht dabei mehr um mich als um Sie.

Wir können die Menschen besser einschätzen, die uns am ähnlichsten sind

Ein weiterer problematischer Aspekt ist die gruppeninterne Begünstigung, auch bekannt als Gruppenzwang. Wir neigen dazu, diejenigen besser zu bewerten, die uns kulturell am ähnlichsten sind. Wir teilen die Welt häufig in zwei Teile auf: die anderen und ich, ich und die anderen. Auch wenn wir uns unserer Voreingenommenheit bewusst sind, ist es dennoch schwierig, die Fragen *„Wer ist kompetent?"*, *„Bei wem fühle ich mich am wohlsten?"* und *„Wer ist mir ähnlich?"* sinnvoll voneinander zu trennen.

Was wir für eine Leistungsgesellschaft halten, lässt sich am besten als „Spiegelautokratie" beschreiben; ein Begriff, der von Mitch Kapor geprägt wurde. Wir neigen dazu, Leute einzustellen, die uns ähnlich sind, anstatt die besten Leute für den Job auszuwählen.

Halo-Effekt

Oft übertragen wir unseren ersten Eindruck von einer Person auf andere, nicht damit zusammenhängende Umstände. Davon kann unser Urteilsvermögen beeinträchtigt werden. Selbst Sympathie für jemanden kann unsere Beurteilung beeinflussen.

- Sehr selbstsichere Menschen haben in der Regel einen Vorteil im Wettbewerb um Macht. Je selbstbewusster jemand erscheint, desto eher glauben wir, dass er tatsächlich kompetent ist, ob das nun stimmt oder nicht. Die tatsächliche Kompetenz ist oft schwer zu beurteilen, daher messen wir stattdessen das Selbstvertrauen einer Person.

- In einer formalen Hierarchie sind die Machtverhältnisse höchst unausgewogen. Führungskräfte haben viel mehr Kontrolle über ihre Untergebenen als umgekehrt. Das macht es riskant, die Kompetenz eines/einer Vorgesetzten infrage zu stellen. Wenn Sie das übersteigerte Ego Ihres/Ihrer Chef*in mit einer Stecknadel piksen, wird Ihre Karriere in die Luft fliegen. Machtunterschiede fördern eine gewisse Duldsamkeit, die Führungskräfte oft mit Zustimmung verwechseln.

- Es gibt noch einen dritten Grund, warum Hierarchien unrealistische Annahmen über die Kompetenz von Führungskräften initiieren. Unter denjenigen, die an einer hierarchisch motivierten Sichtweise von Autorität festhalten, ist der Glaube verbreitet, dass *große Themen* nur von *großen Führungskräften* gelöst werden können. Auch wenn die Führungskräfte in Ihrem Unternehmen letztendlich für die Strategie verantwortlich sind, bedeutet das nicht, dass sie die besten sind, wenn es darum geht, sie zu entwickeln.

Das Hochstapler-Syndrom und dessen Auswirkungen

Das Hochstapler-Syndrom beschreibt das Phänomen, dass eine kompetente Person das Gefühl hat, ein Betrüger zu sein und jeden Moment entdeckt werden zu können. Dadurch beginnt sie, ihre eigenen Kompetenzen zu unterschätzen. Eine Person, die an diesem Syndrom leidet, wird sich selbst infrage stellen, was dazu führen kann, dass der/die Chef*in ihr aufgrund ihrer Unsicherheiten und Zweifel weniger Kompetenz zuschreibt.

Schlechte Kultur bringt schlechte Führungskräfte hervor

Ein berühmtes Sprichwort besagt: „*Menschen kündigen nicht ihren Job, sie kündigen bei ihren Führungskräften.*"

Im Leben eines/einer Arbeiter*in fallen häufig Beschwerden über Führungskräfte, die nicht wissen, wie sie diejenigen belohnen sollen, die gute Arbeit leisten. Viele talentierte Menschen beschließen sogar, ihr eigenes Unternehmen zu gründen, um schlechten Führungskräften zu entgehen, da sie sich nicht genug wertgeschätzt fühlen.

Wenn dies bei Ihnen der Fall ist, sollten Sie wissen, dass Sie nicht davor gefeit sind, dass ihre Mitarbeiter*innen Sie nicht als Führungskraft anerkennen, sondern nur als Manager*in. Doch zwischen diesen beiden Begriffen gibt es einen grundlegenden Unterschied.

Während der/die Manager*in Verantwortlichkeiten definieren muss, weil er/sie durch die Hierarchie dazu ermächtigt wird, kann die Führungskraft die Menschen auf andere Art und Weise mobilisieren. Sie folgen einer Führungskraft, ohne dass sie über eine bestimmte Autorität verfügen muss. Oftmals mögen Mitarbeiter*innen ihre Führungskräfte nicht, weil sie denken, dass von ihnen mehr Arbeit erwartet wird, als sie eigentlich fähig sind, zu erbringen. Dies führt zu einer immerwährenden inneren Abneigung.

Wenn Sie einmal ein*e talentierte*r Angestellte*r waren, wissen Sie sicher, wie wichtig es für ein Unternehmen ist, überdurchschnittliche Leistungsträger zu haben. Und das hat nichts mit dem Alter oder dem Abschluss der Angestellten zu tun.

Eine gute Führungskraft sollte Interesse am Leben ihrer Mitarbeiter*innen zeigen und auch Wissen über deren Privatleben erlangen, beispielsweise ob sie Kinder haben und wohin sie gerne in den Urlaub fahren. Wenn Sie sich nicht um Ihr Team kümmern, bauen Sie kein Vertrauen in die Arbeitsbeziehung auf und ohne Vertrauen steht Ihre Organisation auf einem nicht soliden Fundament.

Die Taxonomie des Scheiterns von Führungskräften

Wenn eine neue Führungskraft in ein Unternehmen eintritt, kann es einige Zeit dauern, bis sie die Mitarbeiter*innen dazu bringt, ihr zu vertrauen, um die gemeinsame Arbeitsbeziehung produktiver zu gestalten. Manchmal stolpern neue Führungskräfte über typische Hindernisse oder legen zu viel Wert auf bestimmte Gesichtspunkte der Rolle, wodurch ihre Fortschritte beim Aufbau einer fruchtbaren Beziehung zum neuen Team behindert werden. Nachfolgend finden Sie einige Fallstricke, mit denen Führungskräfte zu kämpfen haben, wenn sie eine führende Position frisch übernehmen.

Wichtige Entscheidungen sehr schnell treffen

Sie sollten den Fehler vermeiden, zu schnell zu handeln, wenn Sie eine neue Führungsrolle übernehmen – vor allem, wenn Sie in einem neuen Unternehmen tätig sind. Beginnen Sie mit einer Besichtigungstour, um sich einen Überblick über das Terrain zu verschaffen. Denken Sie auch daran, Ihr Führungsteam in wichtige Entscheidungen einzubeziehen, während Sie die Arbeitsweise des Unternehmens kennenlernen.

Der Trugschluss, dass Vorkenntnisse ausreichen

Eine häufige Falle für neue Führungskräfte ist die Annahme, dass die technische oder funktionsbezogene Erfahrung, mit der sie bisher im Unternehmen aufgestiegen sind, ausreicht, um auf einer höheren Ebene genauso erfolgreich zu sein. Damit Ihnen eine neue Aufgabe gut gelingt, müssen Sie jedoch dauerhaft an Ihren Führungsqualitäten und Ihrem geschäftlichen Wissen arbeiten, beispielsweise bei der Erstellung strategischer Pläne.

Den Fokus auf das 'WER' verlieren

Ein großer Fehler, den neue Führungskräfte machen, ist, sich zu sehr auf das *WIE* und *WAS* zu konzentrieren und dabei das *WER* aus den Augen zu verlieren. Hören Sie Ihren Mitarbeiter*innen zu, unterstützen Sie sie und geben Sie ihnen die nötigen Befugnisse. Wenn neuen Führungskräfte alle Abläufe selbst kontrollieren und ihre Mitarbeiter*innen im Detail steuern, verlieren sie den Blick für das große Ganze und die langfristigen Ziele.

Keine Planung für die Weiterentwicklung der neuen Rolle

Der größte Fallstrick ist – meiner Meinung nach – die fehlende Planung, wie sich die Führungskraft in dieser neuen Rolle weiterentwickeln wird. Oftmals war die Führungskraft in ihrer vorherigen Position ein*e Leistungsträger*in, doch die neue Rolle erfordert neue Fähigkeiten, um erfolgreich zu sein. Erstellen Sie einen Plan, der sich auf zwei oder drei Fähigkeiten konzentriert, an denen Sie anhand konkreter Schritte arbeiten können.

Zu sehr auf sich selbst fixiert sein

Menschen neigen dazu, sich hauptsächlich auf sich selbst zu konzentrieren, wenn sie die Karriereleiter hinaufsteigen.

Die wirkungsvollsten Führungskräfte betrachten es als ihre Aufgabe, den Weg für ihre Nachfolger*innen zu ebnen und kümmern sich nicht um das, was vor ihnen liegt. Ihr Erfolg beruht auf dem Erfolg der Menschen in Ihrem Team.

Zu schnelles Handeln

Wenn Führungskräfte ihre neue Rolle übernehmen, wollen sie unbedingt etwas bewirken und ihre Führungsqualitäten unter Beweis stellen, bevor sie die Stärken und die Kultur des Unternehmens beurteilen können. Führungskräfte müssen innehalten und der Versuchung eines vermeintlich schnellen Gewinns widerstehen.

Nicht zu einer neuen Denkweise wechseln

Es ist wichtig, dass Sie eine klare Vorstellung von Ihrer neuen Rolle haben und Ihre Denkweise an diese neue Rolle anpassen. Die Änderung muss mit der bewussten Entscheidung einhergehen, Ihre Ziele auf die Bereiche zu konzentrieren, die Ihnen helfen, strategischer zu denken und Ihr Team wachsen zu lassen.

Keine sorgfältige und gezielte Selbstfürsorge

Angesichts der neuen Anforderungen werden junge Führungskräfte immer sorgfältiger und überlegter mit der vorhandenen Zeit umgehen müssen. Es wird wichtiger denn je sein, sich Zeit zu nehmen, um der Hektik des Alltags zu entfliehen, zur Ruhe zu kommen und sich auf allgemeine Fragen zu konzentrieren. Das kann eine kurze Meditation sein oder auch ein Spaziergang im Freien. Nehmen Sie sich Zeit, sich intensiv mit Ihren Gedanken und Plänen auseinanderzusetzen und überstürzen Sie nichts.

„Saubermachen", ohne individuelle Begabungen zu berücksichtigen

Neue Führungskräfte machen oft gründlich sauber, wenn es um die Mitarbeiter*innen geht, ohne deren Begabungen zu berücksichtigen. Ja, Sie müssen Ihr Team aufstocken, aber kündigen Sie nicht gute Arbeiter*innen aus falschen Gründen. Viele Führungskräfte wollen und werden nur mit „ihren Leuten" arbeiten, aber diese befinden sich vielleicht schon unter Ihnen. Lernen Sie ihre Mitarbeiter*innen richtig kennen, bevor Sie vorschnell handeln.

Vernachlässigung des eigenen körperlichen und geistigen Wohlbefindens

Sich nicht um das eigene körperliche und geistige Wohlbefinden zu kümmern, ist eine bekannte Falle, in die viele Führungskräfte tappen, und das gilt nicht nur für Neulinge. Nehmen Sie sich mindestens eine Stunde pro Woche Zeit für sich selbst und hinterfragen Sie, wie es Ihnen körperlich und geistig geht. Treiben Sie regelmäßig Sport, meditieren Sie, lesen Sie ein Buch – was auch immer Sie antreibt.

Was zu tun ist

Führungskräfte und Mitarbeiter*innen beeinflussen einander. Alle Beteiligten spielen eine wesentliche Rolle dabei, wie die Arbeit erledigt wird. Mit anderen Worten: Bei der Führung geht es um das *WIR*, nicht um das *ICH*. Werfen wir einen Blick auf drei Schritte, die eine Führungskraft unternehmen kann, um das bestmögliche Team zusammenzustellen:

Kluge Leute einstellen

Das ist selbstverständlich. Wenn Sie jemanden einstellen, suchen Sie in erster Linie nach Persönlichkeiten, die zu

Ihrem Unternehmen passen. Sie brauchen Mitarbeiter*innen, die über die erforderlichen Fähigkeiten verfügen oder das Potenzial haben, diese Fähigkeiten zu entwickeln. Außerdem benötigen Sie Mitarbeiter*innen mit Durchsetzungsvermögen, Organisationstalent, Kreativität und der Fähigkeit, gut zu kommunizieren.

Ich frage Führungskräfte oft: „*Wie viele von Ihnen gehen los und stellen schlechte Leute ein?*" Leider wird in zu vielen Unternehmen immer noch das Modell der Normalverteilung angewandt, bei dem es einige Gewinner*innen gibt, ein paar Minderleister*innen und der Rest ist Durchschnitt. Das ist Blödsinn.

Würden Sie auch sagen: „*Letztes Jahr haben einige unserer schlechtesten Mitarbeiter*innen das Unternehmen verlassen, also stellen wir ein paar neue Verlierer*innen ein, um diese Stellen zu besetzen*"? Nein, natürlich nicht. Sie stellen Gewinner*innen oder potenzielle Gewinner*innen ein – Menschen, die auf höchstem Niveau arbeiten können.

Bilden Sie sie gut aus

Selbst wenn Sie eine Person einstellen, die bereits über die technischen Fähigkeiten verfügt, ist es wichtig, sie weiter auszubilden und ihr die richtige Unterstützung zu geben. Allzu oft stellen Führungskräfte neue Mitarbeiter*innen ein, geben ihnen wahllos ein paar Schulungen und hoffen inständig, dass es ein Erfolg wird. Erfolgreiche Führungskräfte lassen ihre Mitarbeiter*innen nicht untergehen. Sie unterstützen sie in den drei Phasen der Zusammenarbeit für eine optimale Leistung:

1. **Phase: Planung der Leistung**

   Ganz gleich, wie viel Sie zu tun haben, es ist wichtig, dass Sie sich Zeit für Ihre Mitarbeiter*innen nehmen, um den

Zeitplan abzustimmen und Ziele festzulegen. Beurteilen Sie die Kompetenz und Motivation Ihrer Mitarbeiter*innen für jede Aufgabe. Es liegt an Ihnen, sie zu unterstützen, wenn sie es brauchen. Ob es sich dabei um technische Schulungen handelt, um Hilfe beim Sprechen mit den richtigen Leuten oder einfach um moralische Unterstützung. Selbst Gewinner*innen brauchen hin und wieder Ermutigung.

2. Phase: Performance Coaching

Führungskräfte gehen oft davon aus, dass ihre Gespräche über die Performanceplanung so klar sind, dass keine Folgemaßnahmen erforderlich sind. Ersparen Sie sich viel Zeit und Ärger, indem Sie gemeinsam mit den Mitarbeiter*innen regelmäßig die Fortschritte überprüfen.

3. Phase: Leistungsmanagement

Ich glaube nicht an die gefürchtete jährliche Leistungsbeurteilung. Ich halte es für besser, von einem fortlaufenden Prozess des Leistungsmanagements auszugehen, der in offenen, ehrlichen Gesprächen stattfindet, die Führungskräfte das ganze Jahr über mit ihren Mitarbeiter*innen führen. Wenn zuvor regelmäßig Einzelgespräche geführt wurden, sollte die jährliche Leistungsbeurteilung keine Überraschungen mehr beinhalten.

Mitarbeiter*innen aus dem Weg gehen

Nachdem Sie gemeinsam mit Ihren Mitarbeiter*innen Ziele festgelegt und sie bei der Erreichung dieser Ziele gecoacht und unterstützt haben, lassen Sie sie einfach gehen. Mitarbeiter*innen sind nicht nur ein Haufen zusätzlicher Arbeitskräfte – sie haben auch Köpfchen. Ein*e ausgebildete*r (potenzielle*r) Gewinner*in braucht keine*n Aufpasser*in; er/

sie braucht Eigenständigkeit, um zu wachsen und zu gedeihen. Während es angebracht ist, einen anleitenden Führungsstil zu pflegen, wenn jemand eine neue Aufgabe oder Fähigkeit erlernt, ist es ratsam, später zu einem unterstützenden/delegierenden Stil überzugehen. Das bedeutet, dass Sie darauf vertrauen müssen, dass Ihr*e Gewinner*in unabhängig agiert. Sie müssen die Verantwortung für die tägliche Entscheidungsfindung und Problemlösung abgeben. Kurz gesagt: Gehen Sie ihm/ihr aus dem Weg. Aber: Verschwinden Sie nicht völlig. Selbst die selbstständigsten Gewinner*innen brauchen Führungskräfte, die ihre Erfolge feiern und sich neuen Herausforderungen stellen, um sie zu motivieren.

ECCO

My-mindguide.com

Kapitel 2

Die Kulturen Europäischer Führungskräfte

Im einundzwanzigsten Jahrhundert müssen sich Führungskräfte in der Wirtschaft, in der Regierung und in verschiedenen Berufen mit den Auswirkungen der Globalisierung auseinandersetzen. Dadurch wächst der Wunsch, Grenzen zu überschreiten und persönlich oder über das Internet mit Menschen aus anderen Kulturen in Kontakt zu treten.

Eine neue europäische Identität entsteht, wenn sich Europa von der Trennung nationaler Grenzen und Kulturen wegbewegt und hin zu einer regionalen Zusammenarbeit.

Während innerhalb der Union eine Assimilation stattfindet, muss die kulturelle Identität jedes Mitgliedslandes als Grundlage für eine vielfältige und bereichernde kulturelle Zukunft Europas geschützt werden. Damit die Probleme einer tiefgreifenden Integration überwunden werden können, müssen die jeweiligen einzigartigen Kulturen und die beträchtlichen Unterschiede in den Werten und Ansichten berücksichtigt werden.

Europäer*innen haben sich durchgesetzt. Sie haben Seuchen, Gräueltaten, große Kriege, Grenzverschiebungen und staatliche Umwälzungen überlebt. Sie haben viele Höhen und Tiefen durchlebt und ihre Zivilisationen sind mit uralten Bräuchen und Traditionen verwoben und sie sind sich der Verwundbarkeit ihrer Zivilisation durchaus bewusst.

Auf der einen Seite herrscht die Überzeugung, jedes Hindernis überwinden zu können, doch auf der anderen Seite sind Katastrophen nie allzu weit entfernt. Derartige Sichtweisen haben möglicherweise den Nachteil, dass Europäer*innen weniger bereit dazu sind, ein zukunftsträchtiges Unternehmen zu riskieren. Sie sind der Meinung, dass das langfristige Überleben eines Unternehmens genauso wichtig ist wie das Erwirtschaften von Gewinnen, und glauben deshalb nicht an das reine Geldverdienen.

Im Folgenden finden Sie eine Zusammenfassung wichtiger Verhaltensweisen von Europäer*innen, die das Bild eines/einer Außenstehenden beeinflussen können. Daher werden hier bewusst Stereotype aufgegriffen.

Pragmatismus

Frankreich

Franzosen/Französinnen schätzen ein eher ungezwungenes Zeitempfinden. Häufiges Zuspätkommen wird einem in der Regel nicht übel genommen. Rechnen Sie daher mit einer gewissen Zurückhaltung bei Terminzusagen, denn Besprechungen und Termine werden häufig verschoben.

Die Bevölkerung Frankreichs legt Wert auf Freizeit und Geselligkeit, was sich in zweistündigen Mittagessen, sieben offiziellen Feiertagen und vier oder fünf Wochen Urlaub pro Jahr zeigt.

In Frankreich herrscht unter manchen Bevölkerungsgruppen eine gewisse Skepsis gegenüber Ausländer*innen. Rechtsextreme Fanatiker*innen stehen zum Beispiel Araber*innen häufig feindselig gegenüber, bedingt durch den kolonialen Hintergrund des Landes. Selbst wenn sie in Frankreich geboren wurden, sind Einwandererkinder aus nicht französischsprachigen Familien aufgrund des sehr wettbewerbsorientierten französischen Bildungssystems oftmals benachteiligt. Dadurch sind sie zwischen zwei verschiedenen Kulturen gefangen.

Die französische Gesellschaft ist in konkurrierende Klassen unterteilt. Trotz einiger weiblicher Führungspersönlichkeiten in der Regierung und in den Berufen haben sich Frauenrechte nur langsam durchgesetzt, wobei sexuelle Belästigung erst im letzten Jahrzehnt gesetzeswidrig wurde. Führungskräfte und Mitarbeiter*innen sind „Familienmitglieder", die sich oft gegen Außenstehende zusammenschließen.

Idealismus

Deutschland

Deutsche Bürger*innen gehen davon aus, dass die grundlegenden Wahrheiten des Lebens von Prinzipien und unveränderlichen oder universellen Regeln abgeleitet sind. Sie interessieren sich für den Kern der Werte. *„Freiheit, Gleichheit und Brüderlichkeit"* ist das Motto der Republik. Deutsche handeln auf individualistische Art und Weise. Obwohl sie es schwierig finden, diesen Grundsätzen im Alltag gerecht zu werden, haben die meisten Deutschen dennoch einen starken

Wunsch nach jenen selbstlosen Idealen. Vergleichen Sie die europäische und die US-amerikanische Sichtweise auf Sex und Geld und stellen Sie diese einander gegenüber.

Nacktheit ist den meisten Deutschen nicht unangenehm. Auch Sex wird gern thematisiert. Doch es ist ihnen unangenehm, über Geld zu sprechen; über berufliche Positionen und Gehälter. Für Deutsche ist das Einkommen etwas sehr Persönliches, was andere nichts angeht.

Soziale Struktur und Status

Frankreich

Das Leben in Frankreich gleicht einem wahren Chaos, wenn man es als Außenstehende*r betrachtet. Das liegt zum Teil an der Bürokratie, zum Teil an der mangelnden Kommunikation zwischen den Regierungsstellen und ebenfalls an einer französischen Eigenart: Kreativität.

Sozialer Rang und Klasse nehmen eine bedeutende Rolle in der französischen Gesellschaft ein. Die Gesellschaftsschichten sind: Aristokratie, Großbürgertum, gehobenes Bürgertum, Mittelschicht, untere Mittelschicht und Unterschicht. Die Menschen werden anhand ihrer Berufe (Lehrer*innen, Ärzte/Ärztinnen, Anwälte/Anwältinnen, Handwerker*innen und Aufseher*innen) und ihrer politischen Überzeugungen (konservativ, linksorientiert) in soziale Kategorien eingeteilt. Einwanderer/Einwanderinnen, eine neue Klasse von Menschen, treffen auf eine einst sehr homogene Gesellschaft. Infolgedessen haben soziale Klischeevorstellungen einen Einfluss auf gesellschaftliche Interaktionen. Für eine*n Franzosen/Französin ist es schwierig, sich von sozialen Stereotypen zu befreien, denn diese wirken sich auf die eigene Identität aus. Im Gegensatz zu Amerikaner*innen, die theoretisch durch harte Arbeit und beruflichen Erfolg das höchste Maß an sozialem Respekt erreichen können, fällt dies Franzosen/Französinnen schwer. Sie können damit rechnen, in ihrem Leben eine oder zwei Stufen auf der sozialen Leiter aufzusteigen, wenn sie in ihrer Karriere erfolgreich sind, aber selten weiter.

Zusammenarbeit und Wettbewerb

Deutschland

Deutsche sind von Natur aus nicht besonders wettbewerbsorientiert. Für sie hat Wettbewerb eine ganz bestimmte Bedeutung: in einer Sportart auf höchstem Niveau zu bestehen. Der Wettbewerb hat keinen Einfluss auf den typischen deutschen Menschen, was für das wirtschaftliche Wohlergehen des Landes verheerend ist. Wenn sie auf Menschen treffen, die wettbewerbsorientiert sind, können Deutsche diese als feindselig, harsch und machthungrig wahrnehmen. Sie fühlen sich möglicherweise eingeschüchtert und reagieren unangemessen oder ziehen sich aus dem Gespräch zurück. Nichtsdestotrotz setzt die pyramidenartige Struktur des deutschen Schulsystems Kinder und Jugendliche schon in jungen Jahren dem Wettbewerb aus.

Persönliche Eigenschaften

Deutschland

Deutsche sind freundlich, humorvoll und sarkastisch. Sie wollen bewundert werden und sind schwer zu beeindrucken. Sie neigen dazu, in Opposition zu anderen zu denken und sich dementsprechend zu verhalten, um Anerkennung zu erlangen und ihre Individualität auszubauen. Menschen in Deutschland orientieren sich an ihren Gefühlen, Vorlieben und Erwartungen, wenn sie handeln und Entscheidungen treffen.

Vertrauen und Respekt

Deutschland

In Deutschland werden Würde und Integrität hoch geachtet. Ein*e Deutsche*r vertraut seinen/ihren Mitmenschen auf der Grundlage einer inneren Einschätzung des Wesens und des Charakters. Ein*e durchschnittliche*r Deutsche*r kann Menschen aus anderen Gesellschaftsschichten nicht allein aufgrund ihrer beruflichen Leistungen und Erfolge Anerkennung entgegenbringen. Das liegt daran, dass soziale Stereotypen weit verbreitet sind.

Geschlossene Türen gelten als unhöflich und von Besucher*innen wird erwartet, dass sie sich unter die Familie mischen. Außerdem ist das Schließen der Fensterläden nach außen kein Zeichen von Misstrauen, sondern eher der Wunsch nach Privatsphäre.

Gesprächsstil

Frankreich

Franzosen/Französinnen stellen sich selten in den Vordergrund oder versuchen, sich in Gesprächen gut darzustellen. Prahlerei gilt als Schwäche, als Zeichen von Selbstgefälligkeit und Unreife. Franzosen/Französinnen werden Fragen über ihre Persönlichkeit wahrscheinlich aus dem Weg gehen und das Gespräch auf allgemeinere Themen lenken. Für sie gehört es sich nicht, Anzeichen von Selbstgefälligkeit zu zeigen.

In Frankreich ist man sehr stolz auf seine Sprache und es wird oft erwartet, dass sie von jedem gesprochen wird. Dort ist man sehr empfindlich gegenüber der Einführung von englischen Begriffen.

Franzosen/Französinnen kritisieren oft Institutionen, Bedingungen und die Menschen, mit denen sie zusammenleben. Eine Meinungsverschiedenheit kann jedoch als anregend empfunden werden. Es ist nicht ungewöhnlich, zwei Franzosen/Französinnen zu beobachten, die sich mit vor Wut geröteten Gesichtern streiten und sich lebhafte, hitzige und unversöhnliche Diskussionen liefern. Später schütteln sie sich dann die Hände und sagen: *„Das war ein interessantes Gespräch. Wir sollten das irgendwann wiederholen."*

Haltung gegenüber der Arbeit

Deutschland

In der Regel hängt die Einstellung der Deutschen zur Arbeit davon ab, ob sie im öffentlichen oder privaten Sektor beschäftigt sind. In der deutschen Bürokratie und in staatlichen Unternehmen gibt es wenig Anreize, produktiv zu sein. Quoten werden nur selten vergeben und es ist praktisch unmöglich, Mitarbeiter*innen aufgrund ihrer Arbeitsleistung zu entlassen oder zu kündigen. Massenstreiks haben zu Schwierigkeiten geführt, wenn Unternehmen versucht haben, zu reformieren oder zu modernisieren, oder wenn die Regierung versucht hat, politische Maßnahmen und Gesetze zu verabschieden, die von vielen abgelehnt wurden.

In der Privatwirtschaft ist die Situation anders, allerdings halten deutsche Arbeitnehmer*innen nichts von Arbeitsethos.

Sie lassen sich in der Regel nicht durch Wettbewerb oder den Wunsch motivieren, anderen Arbeitnehmer*innen nachzueifern. Sie lehnen Überstunden ab und haben vier bis fünf Wochen Urlaub im Jahr.

Dennoch arbeiten sie in der Regel während der ihnen zugewiesenen Arbeitszeit hart. Deutsche Arbeitnehmer*innen haben den Ruf, produktiv zu sein. Der Grund für diese Produktivität mag in der deutschen Tradition des Handwerks liegen. Ein großer Teil der Arbeitskräfte ist traditionell in kleinen, unabhängigen Betrieben beschäftigt, in denen gute Arbeit weithin anerkannt wird.

Ausrichtung von Führungskräften

Deutschland

In vielen deutschen Unternehmen gibt es soziale Bezugsgruppen, die einander ausschließen. Um eine angemessene Arbeitsleistung zu gewährleisten, sind straffe Vorgaben erforderlich. Je weniger Wert auf die Übertragung von Verantwortung gelegt wird, desto mehr wird die Rechenschaftspflicht eingeschränkt und trägt zu einer starren Organisationsstruktur bei. Folglich ist die Entscheidungsfindung in deutschen Unternehmen stärker zentralisiert, und es kann länger dauern, bis Entscheidungen getroffen und umgesetzt werden. Dies kann für ausländische Führungskräfte, die mit deutschen Führungskräften auf einer vergleichbaren Managementebene zusammenarbeiten, frustrierend sein. Der Kommunikationsfluss wird verbessert, wenn amerikanische Führungskräfte direkten Zugang zu zwei oder drei Spitzenmanager*innen eines deutschen Unternehmens haben. Hier liegt die eigentliche Entscheidungsgewalt.

Ein Berater für ein Projekt in Süddeutschland berichtete Folgendes:

„Das Hauptziel unseres Projekts war es, den Absatz eines Hightech-Produkts zu steigern. Eine der Ideen zur Beschleunigung der Verkäufe war die Einführung eines täglichen Diagramms, um den Verkaufsfortschritt jedes Einzelnen zu verfolgen. Ziel war es, die Aufmerksamkeit der Führungskräfte und Untergebenen auf bestimmte verbesserungswürdige Bereiche zu lenken und diejenigen, die gut abschnitten, zu bitten, Tipps weiterzugeben, um die Fortschritte ihrer Kollegen zu unterstützen."

Obwohl die Führungskräfte und viele Verkäufer*innen diese Idee für großartig hielten, lehnten neun von zehn Verkäufer*innen lautstark ab. Der Grund? Sie wollten nicht, dass die Führungskraft oder ihre Kolleg*innen ihre Verkäufe nachverfolgen konnten.

Deutsche werden nach persönlichen Eigenschaften und Leistungen beurteilt. Erst bei schlechten Leistungen werden sie von einem Vorstand oder von Mitarbeiter*innen in ihren Funktionen infrage gestellt. Da sie ihre Handlungen nicht in gleichem Maße rechtfertigen müssen, neigen deutsche Spitzenmanager*innen zu einem eher autokratischen Führungsstil.

Es ist interessant, die Interviews deutscher und amerikanischer Wirtschaftsmagazine mit Führungskräften zu vergleichen. Neben den beruflichen Erfahrungen und Aktivitäten erzählen deutsche Spitzenmanager*innen in der Regel auch Einzelheiten zu ihrem persönlichen Leben. Auf der anderen Seite betonen amerikanische Spitzenmanager*innen eher den Verlauf ihrer Karriere im Hinblick auf ihre beruflichen

Erfolge. Es gibt viele Unterschiede in der Art und Weise, wie deutsche Führungskräfte ihre Unternehmen leiten, im Vergleich zu jenen aus anderen Ländern.

Organisationsstruktur und Entscheidungsfindung

Italien
Die Organisationsstruktur italienischer Unternehmen ist eher starr. Italiener*innen legen weniger Wert auf die Kontrolle der individuellen Leistung, dafür ist der Entscheidungsprozess in italienischen Unternehmen stärker zentralisiert. Wichtige Entscheidungen werden nur von den obersten Führungskräften getroffen. Dennoch entsteht ein Trend zur Teamführung, da Konsortien mit Unternehmen außerhalb des Landes gebildet werden (z. B. *Airbus*, eine multinationale Partnerschaft).

Motivation

Frankreich
Obwohl Franzosen/Französinnen den Fleiß und die Hingabe von arbeitenden Amerikaner*innen schätzen, glauben sie nicht, dass deren großer Einsatz und all die Aufopferung sich lohnt. Für Franzosen/Französinnen ist die Lebensqualität von größerer Bedeutung, zum Beispiel Freizeit und Urlaub. Sie sind nur selten bereit, die Freude am Leben der Arbeit zu opfern.

Konflikte

Deutschland
Die Deutschen werden oftmals als kämpferische Freigeister bezeichnet; sie schätzen überzeugende Argumente und Widersprüche. Sie wissen, dass einige Positionen unvereinbar

sind und dass die Menschen trotz unterschiedlicher Meinungen miteinander leben müssen. Eine Studie ergab, dass deutsche Führungskräfte Schwierigkeiten damit haben, sich an das Leben in anderen Ländern anzupassen. Diese Probleme sind darauf zurückzuführen, dass in der deutschen Kultur der Stolz auf das eigene kulturelle Erbe im Vordergrund steht, was dazu führt, dass sie zu kritisch gegenüber Menschen fremder Kulturen agieren. In ihren Selbstbeschreibungen fühlten sich deutsche Führungskräfte durch ihre Ausrichtung auf eine formale Denkweise und einen Mangel an tatsächlichem Wissen über andere Kulturen behindert.

Soziale Gepflogenheiten

Deutschland

Deutsche sind sachkundige und fähige Geschäftsleute. Sie sind stolz darauf, dass sie auf dem Weltmarkt Qualitätsprodukte anbieten können. Im Geschäftsleben verhalten sie sich formell, sowohl im Umgang mit Ausländer*innen als auch untereinander.

Der Händedruck ist ein obligatorischer Bestandteil der deutschen Begrüßung. In einem Raum, in dem sich viele Menschen befinden, werden alle nacheinander mit Händeschütteln begrüßt. Hier ist ein freundliches *„Guten Morgen“* oder *„Guten Tag“* angebracht.

In einigen Ländern ist es üblich, eine*n Kund*in zum Abendessen in einem schicken Restaurant zu empfangen. In Deutschland, insbesondere bei großen Unternehmen, die mit Multimillionen-Dollar-Verträgen zu tun haben, werden Vorgesetzte ihren Untergebenen nicht erlauben, die

Einladung anzunehmen. Viele deutsche Firmen würden dies als Interessenkonflikt betrachten und man könnte schnell an Objektivität verlieren. Eine bewährte Regel ist es, Geschäfte während der Geschäftszeiten zu tätigen.

Der Charakter des Familienunternehmens

Italien

Eine beträchtliche Anzahl von Unternehmen in Italien befindet sich in Familienbesitz. Das bedeutet, dass viele Unternehmen nicht von Führungskräften geleitet werden, denn das Familienoberhaupt möchte die Kontrolle über das Unternehmen behalten.

Dieses weitverbreitete Phänomen schwächt Italien, da familiäre Unternehmen für gewöhnlich nicht an der Börse gehandelt werden. Da sie sich über Schulden finanzieren, begrenzen sie ihr Wachstum und können daher auf dem Weltmarkt nicht mithalten.

Verteilung von Geschlechtern

Deutschland

Deutschland ist eine traditionell männerdominierte Gesellschaft, obwohl sich die Gleichberechtigung der Frauen langsam durchsetzt. Für internationale Geschäftsfrauen ist es eine Herausforderung, mit ihrem Fachwissen anerkannt und ernst genommen zu werden. Die Stellung der Frau in Deutschland hat sich in den letzten zwanzig Jahren drastisch verändert. Frauen in hohen Führungspositionen werden häufiger anerkannt, auch wenn ihre Gehälter nicht mit jenen ihrer männlichen Kollegen mithalten können.

Eine neue Generation gebildeter und karriereorientierter weiblicher Führungspersonen veränderte die lange Zeit vorherrschende Vorstellung von Frauen als Ehefrauen und Mütter.

Fazit

Ihre Kultur gibt den Menschen ein Gefühl dafür, wer sie sind, wo sie hingehören und wie sie sich verhalten sollen. Sie wirkt sich auf die Moral und Produktivität am Arbeitsplatz aus und vermittelt Werte, die die Einstellungen und Handlungen des Unternehmens beeinflussen. Selbstverständlich darf man nicht vergessen, dass diese Konstrukte nicht starr sind, was die materielle Vielfalt verdeutlicht.

ECCO

My-mindguide.com

Kapitel 3

Aus Der Geschichte Lernen

Amazon

Amazon ist einer der größten Online-Shops der Welt. Jeden Tag verschickt das Unternehmen Millionen von Paketen rund um den Globus. Wo hat das alles angefangen? Wie hat sich Amazon von einer Online-Buchhandlung zu einem Tech-Giganten entwickelt?

Die frühen Jahre von Amazon

Amazon-Gründer Jeff Bezos arbeitete in den frühen 1990er Jahren an der Wall Street, New Yorks Finanzzentrum. Er prophezeite dem Internet eine große Zukunft und war überzeugt, dass er es bereuen würde, nicht in dieses Geschäft eingestiegen zu sein. Nachdem er einen Bericht gelesen hatte, der vorhersagte, dass der Kauf und Verkauf von Produkten im Internet enorm zunehmen würde, beschloss er, Bücher online zu verkaufen. Bücher waren schon immer gefragt, man konnte sie relativ günstig kaufen und es waren viele Titel verfügbar – ideal für das Internet, das keinen Platzmangel kennt. Seit Juli 1995 wird die Website *amazon.com* aus der Garage von Bezos' Haus betrieben.

Die Idee eines Online-Shops kam Bezos in den Sinn, nachdem er für *DE Shaw & Co* Nachforschungen anstellte und feststellte, dass die Internetnutzung jährlich um etwa 2.300 % zunahm. Die Zahl sprang Bezos ins Auge und er beschloss, zu kündigen, um die Sache in Angriff zu nehmen. Es hätte auch schief gehen können, aber - so Bezos selbst - er wollte *„so wenig wie möglich bereuen"*. Es hätte ihm nichts ausgemacht, die Wall Street als alter Mann zu verlassen, doch hätte er es sich nie verziehen, den Boom der Anfänge des Internets zu verpassen.

Er und seine damalige Frau Mackenzie stiegen also in New York in ihr Auto und fuhren ins ferne Seattle, das Bezos für den idealen Ort hielt, um das Unternehmen zu gründen. Während der langen Fahrt zwischen den Städten schrieb Bezos den Businessplan und nahm erste Kontakte zu Investor*innen auf, um den Traum von Amazon zu verwirklichen.

Er hatte das Ziel, ein Gigant zu werden, doch dazu musste er klein anfangen. So fiel die Wahl auf einen Online-Shop, der nur Bücher verkaufte. Diese Methode galt zunächst als optimal, denn Bücher waren leicht zu verkaufen und hatten einen niedrigen Stückpreis. So konnte er am besten mit Geschäften wie *Barnes & Noble* in den USA konkurrieren.

Mit diesen Argumenten überzeugte Bezos seine Eltern, rund 245.000 Dollar in seine Idee zu investieren und warb weitere 750.000 Dollar von anderen Investor*innen ein. Nach Bezos eigener Aussage war die Sache riskant und er bezifferte die Wahrscheinlichkeit eines Scheiterns mit 70%.

Am Anfang sah die Website von Amazon anders aus als die, die Sie heute kennen. Auch der Name war ein anderer, nämlich *Cadabra*. Dieser wurde jedoch fallen gelassen, nachdem ein Anwalt versehentlich statt „Cadabra" „corpse", also Leiche, gelesen hatte. Die zweite Variante, *Relentless*, wurde von Bezos Freund*innen kritisiert und daher aufgegeben. Interessanterweise gehört die Domain *relentless.com* immer noch Bezos. Beim Anklicken wird man auf die Amazonseite weitergeleitet.

Die Wahl des Namens war für Bezos eine wichtige Entscheidung. Er war der Meinung, dass es im Internet vor allem auf eine starke Marke ankomme, um zu verhindern, dass ein*e Konkurrent*in das Geschäftsmodell in Zukunft kopieren könne.

Im Wörterbuch stieß er auf den Namen *Amazon*, die englische Form des Flusses *Amazonas*. Für ihn stand der Begriff für etwas Exotisches, genau wie er sich das zukünftige Unternehmen vorstellte. Und der Anfangsbuchstabe „A" war in der Vor-Google-Ära sehr einflussreich, da Unternehmen in Suchmaschinen alphabetisch aufgelistet wurden.

Von der Garage zum IPO *(Initial Public Offering)*

Der Start von Amazon war explosiv und übertraf Bezos Erwartungen bei Weitem. Er startete die Website im Juli 1995 als Online-Buchhandlung, und nach nur zwei Monaten hatte er Bestellungen in jeden US-Bundesstaat und 45 weitere Länder verschickt.

Der gesamte Vorgang des Abholens, Verpackens und Versendens der Bücher erfolgte von Bezos und seinen wenigen Mitarbeiter*innen in der Garage seines Hauses per Hand. Selbst ohne Automatisierung stiegen die Umsätze in den ersten Monaten auf über 20.000 Dollar pro Woche.

Aber das Unternehmen verbrannte, wie fast jedes Start-up-Unternehmen, Quartal für Quartal Geld. Für Bezos war das kein Problem, sondern Teil der Strategie, einen internationalen Giganten zu erschaffen. Er wollte kräftig und schnell wachsen, also musste er kräftig investieren. Das beeindruckende Ergebnis ermöglichte bereits im Mai 1997 nach weniger als zwei Jahren einen Börsengang. Das Unternehmen ging am 15. desselben Monats an der Nasdaq zu einem Preis von 18 Dollar pro Aktie an die Börse. Händler*innen, die das Angebot annahmen, sahen darin ein Unternehmen mit 1,5 Millionen aktiven Kund*innen, etwas mehr als 600 Mitarbeiter*innen und 125 Millionen Dollar in bar. Wer bei der Eröffnung 1.000 Dollar investierte, sollte im Jahr 2020 über 1,4 Millionen Dollar verfügen, so das Versprechen.

Ein Technologieunternehmen

Das Jahr nach dem Börsengang war ein wichtiger Meilenstein für Bezos und das Unternehmen. Sein Plan, das Imperium über Bücher hinaus zu erweitern, nahm langsam Gestalt an.

1998 begann Jeff Bezos mit dem Verkauf von CDs und Filmen, und führte Amazon durch die Übernahme von Online-Konkurrent*innen in Großbritannien und Deutschland auf die internationale Bühne. Darüber hinaus wurde das Partnerprogramm zu einem durchschlagenden Erfolg. 1999, als das Unternehmen seine Aktivitäten auf praktisch jedes Produkt ausdehnte, wickelten mehr als 350.000 Partnerseiten Verkäufe über Amazon ab.

Aber die Vorherrschaft im Einzelhandel war nur ein kleiner Traum des Online-Giganten. Für Bezos war Amazon nicht einfach ein Online-Händler, sondern ein Technologieunternehmen.

Als eines der führenden Online-Unternehmen zur Jahrhundertwende wurde Amazon von der Dotcom-Blase hart getroffen. Doch die Krise bot gleichzeitig die Gelegenheit der schnelleren Entwicklung.

Im Jahr 2002 gründete Bezos *Amazon-Web-Services (AWS)*, ein Unternehmen für Daten und Statistiken. Auf der Welle des Cloud Computing schwimmend hat sich das Unternehmen zu einem führenden Anbieter von virtuellem Speicher entwickelt, der Kunden wie die *NASA* und *Netflix* bedient und mit Microsoft um milliardenschwere Verträge konkurriert. Allein im Jahr 2019 erzielte AWS einen Umsatz von 25 Milliarden Dollar.

Die Buchrevolution

Der Fortschritt in der Technologie elektronischer Geräte und die Geschwindigkeit des Internets ebneten den Weg für eine neue Revolution in der Literaturbranche. Wieder einmal setzte Amazon mit dem Kindle einen neuen Trend: ein digitales Buchlesegerät, auch *E-Reader* genannt, das 2007 auf den Markt kam.

In den folgenden Jahren führte Amazon seinen Videodienst *Amazon Prime Video*, den *Android-App-Store* und *Alexa* ein, eine virtuelle Assistentin, die auf *Echo*-Geräten verfügbar ist und über eine künstliche Intelligenz verfügt. Die offensive Wachstumsstrategie von Bezos umfasste auch die Übernahme von Dutzenden von Unternehmen im Laufe von mehr als zwei Jahrzehnten Aktivität. *IMDb, Audible, Twitch* und *Whole Foods* gehören zu den bekanntesten.

Amazons erfolgreicher Weg hat das Unternehmen zu einem der Vertreter von *Big Tech* gemacht (neben *Google, Apple,*

Microsoft und *Facebook*) und den Marktwert von 1 Billion US-Dollar mittlerweile überschritten.

Auch die Betriebszahlen sind Superlative. Im Jahr 2019 verdiente das Unternehmen mit einem Netzwerk von fast 800.000 Mitarbeiter*innen 280,5 Milliarden Dollar und repräsentiert damit fast 50 % des Online-Handels in den Vereinigten Staaten.

Aber ein Genie wie Bezos hat nicht nur eine einzige Idee. In seinem Fall kehrte der alte Wunsch, den Weltraum zu erobern, zurück, nachdem er in den späten 1990ern den Film *O Céu de Outubro* gesehen hatte. Und so beschloss er ebenfalls, ein Unternehmen zur Erforschung des Weltraums zu gründen.

Amazon gerät in turbulente Zeiten.
1998 begann Amazon mit dem Verkauf von CDs und DVDs. Folgend kamen Spielzeug und Elektronik hinzu. Doch im Jahr 2000 ereignete sich die wichtigste Veränderung durch die Geburt des Marktplatzes.

Zum ersten Mal in der Geschichte von Amazon konnten Menschen ihre Produkte auf der Plattform verkaufen und zahlten dafür lediglich eine Gebühr für die Anzeigen. Im selben Jahr jedoch brachte ein anderes bedeutendes Ereignis den Betrieb in erhebliche Gefahr: Das Platzen der Internetblase.

Zu dieser Zeit waren die wirtschaftlichen Spekulationen und Investitionen in digitale Unternehmen so hoch, dass sie die New Yorker Börse zum Absturz brachten. Infolgedessen fielen die Aktienkurse über Nacht. Die Aktie von Amazon, die damals 100 Dollar wert war, fiel auf 6 Dollar. Ein großer Teil des Teams wurde entlassen, wodurch ein möglicher Abschwung drohte, doch Amazon überlebte.

Ein großer Fehler

Nicht unerwähnt bleiben darf einer der wenigen Misserfolge von Amazon: das *Fire Phone*. Das Problem mit dem *Fire Phone* war zwar nicht so einschneidend wie das Platzen der Internetblase, aber es diente dem Unternehmen als Lehre.

Im Jahr 2014 brachte Amazon ein von *Foxconn* hergestelltes Smartphone mit dem Namen *Fire Phone* auf den Markt. Das Modell hatte zwei Hauptmerkmale: eine 3D-Oberfläche, die ein Gefühl von Tiefe vermittelte, und eine Kamera, die Objekte erkannte. Wenn der Benutzer die Kamera auf einen Artikel richtete, wurde er sofort auf dessen Verkaufsseite bei Amazon weitergeleitet (eine Technologie, die heute sogar von *Dafiti* verwendet wird). Abgesehen davon war das Handy ein kompletter Fehlschlag. Das Design ließ zu wünschen übrig, es war schwierig, die Apps herunterzuladen und die Regionalisierung funktionierte nicht.

Amazon hat zwar nie Verkaufszahlen für eines dieser Geräte veröffentlicht, wenn man jedoch die negativen Bewertungen, den drastischen Preisfall und die Tatsache bedenkt, dass nie ein weiteres Smartphone produziert wurde, ist es offensichtlich, dass es nicht funktioniert hat. Das Produkt wurde nach weniger als einem Jahr vom Markt genommen und Amazon hat sich kein weiteres Mal auf dem Smartphone-Markt versucht.

Führungsstil

Der Vorstandsvorsitzende von Amazon ist dafür bekannt – und wird dafür kritisiert –, dass er aggressive Geschäftspraktiken anwendet und Lieferunternehmen bestraft, die die Anforderungen des Online-Riesen nicht erfüllen. Bezos Kolleg*innen berichten, dass er bei jeder Entscheidung extrem datengesteuert vorgeht.

In den Anfangsjahren von Amazon hielt sich Bezos zurück und drängte das Unternehmen dazu, mehr Ergebnisse zu erwirtschaften und zu wachsen, ohne viel Aufsehen zu erregen. Aber sein öffentliches Image hat sich in den letzten zehn Jahren verändert, da er mehr Interviews gab, größere Ausgaben tätigte und sich teurer kleidete. Das Wachstum von Amazon und das Bild von Jeff Bezos, der zunehmend ins Rampenlicht rückte, führten zu Vorwürfen über sein mangelndes Engagement für gemeinnützige Zwecke und die Arbeitsbedingungen in den Lagerhäusern des Einzelhändlers. Diese erregten so viel öffentliche Aufmerksamkeit, dass Bezos 2014 vom Internationalen Gewerkschaftsbund den Beinamen „Schlechtester Chef der Welt“ erhielt.

Bezos zählt Warren Buffett, Jamie Dimon von JPMorgan Chase und Bob Iger von Walt Disney als seine wichtigsten Vorbilder für seinen Führungsstil auf.

Er setzt die Termine für Besprechungen nicht zu früh an und ist der Meinung, dass man sich nur mit wenigen Personen gleichzeitig treffen sollte. Er wendet die *Zwei-Pizzen-Regel* an. Das ist die Menge an Essen, die benötigt wird, um alle Anwesenden in einem Besprechungsraum zu versorgen. Der Geschäftsführer ist ebenfalls der Überzeugung, dass eines der Geheimnisse zur Verbesserung des Unternehmens in der Einstellung von Mitarbeiter*innen liegt. Daher ermutigt er Führungskräfte, immer eine*n neue*n Mitarbeiter*in auszuwählen, der/die besser ist als der Durchschnitt.

Bis heute glaubt Bezos fest an den Erfolg eines Unternehmens, das sich auf seine Kund*innen konzentriert. Deshalb ist er unter der E-Mail *jeff@amazon.com* für jede*n erreichbar der/die ein Anliegen hat.

Obwohl er nicht alle Nachrichten liest, wählt Bezos ein paar aus und leitet sie mit einem Fragezeichen an seine Angestellten weiter. Der/die Mitarbeiter*in, der/die diese Nachricht erhält, weiß, dass er/sie den Fall untersuchen, etwaige Fehler korrigieren und eine vollständige Antwort vorbereiten muss, die Bezos daraufhin an den/die Kund*innen zurückschickt.

Amazon heute

Im Januar 2018 eröffnete Amazon den ersten Supermarkt *Amazon Go* in der „kassenlosen" Stadt Seattle. Bislang wurden elf *Amazon Fresh-Läden* eröffnet, die Lebensmittel mit kassenloser Technologie verkaufen. Darüber hinaus hat Amazon auch in die Bezahlung per Biometrie investiert. Dieser Service ist eine gute Sache für Menschen, die ihre Karten, digitalen Brieftaschen oder andere Zahlungsmittel nicht vorzeigen wollen.

Ein weiteres Highlight der Zukunft von Amazon war die Expansion des Geschäfts in Indien. Im Jahr 2020 versprach CEO Jeff Bezos eine Milliardeninvestition in die Digitalisierung der mittelständischen Unternehmen des Landes, um einheimischen Verkäufer*innen den Zugang zum Marktplatz zu ermöglichen.

Oktober 2021 eröffnete Amazon eine *Robotik-Plattform* in Westborough, und im September brachten sie den technologischen Haushaltsroboter Astro auf den Markt. Insgesamt plant das Unternehmen, neue Vertriebszentren in den USA zu eröffnen und ein Cloud-Computing-Zentrum in Calgary, Kanada, einzurichten. Die Initiative, die eine Investition von 4 Milliarden US-Dollar umfasst, soll 900 Arbeitsplätze schaffen.

All diese Pläne sind Teil von Bezos ständiger Absicht, Amazon als das größte Unternehmen der Welt zu behaupten. Bezos ist ebenfalls der Gründer von *Blue Origin*, ein Raumfahrtunternehmen und Hauptkonkurrent von *SpaceX*.

Blue Origin hat keine Beziehung zu Amazon, trägt aber dazu bei, dass Bezos auf der Forbes-Liste als zweitreichster Mann der Welt gelistet ist, gleich hinter Elon Musk, dem CEO von SpaceX, dem Automobilunternehmen *Tesla Motors* und dem Technologiehandelsunternehmen *Neuralinks*.

Zukunftspläne

Mit einem Umsatz von 386 Milliarden USD im Jahr 2020 und einer Belegschaft von 1,3 Millionen Mitarbeiter*innen, was ihn zum drittgrößten Arbeitgeber der Welt macht, hinterlässt Jeff Bezos seinem Nachfolger Andy Jassy, dem ehemaligen Vorstandsvorsitzenden von AWS, ein gesundes Unternehmen. Bezos selbst wird Vorsitzender des Verwaltungsrats bleiben und sich mehr seiner Stiftung *Earth Fund* widmen, die im Februar 2020 ins Leben gerufen wurde und 10 Milliarden US-Dollar für den Kampf gegen Umweltverschmutzung und globale Erwärmung bereitstellen will. Neben dem Satelliten-Internetdienst *Kuiper* und dem medizinischen Teleberatungsunternehmen *Care* gibt es noch viele weitere Projekte, die Bezos verfolgt.

In seinem letzten jährlichen Brief an die Aktionäre im April, nach dem gescheiterten Versuch, eine Gewerkschaft in einem Lagerhaus seines Konzerns in Alabama zu gründen, räumte Jeff Bezos ein, dass der Konzern mehr für seine Mitarbeiter*innen tun müsse und versprach, dass Amazon *„der beste Arbeitgeber der Welt“* werden würde.

Die Regulierungsbehörden sind besorgt über die wachsende Macht einiger weniger Tech-Unternehmen über weite Teile der Wirtschaft und suchen daher nach Möglichkeiten, Amazon zu zerschlagen. So könnte Amazon zu einem Opfer seines Erfolgs werden.

Tesla

Tesla Motors ist ein amerikanisches Automobilunternehmen, das sich auf leistungsstarke Elektroautos spezialisiert hat. Es wurde 2003 von Elon Musk gegründet, der derzeit der Vorstandsvorsitzende und größte Aktionär des Herstellers ist. Der Hauptsitz des Unternehmens befindet sich in Kalifornien in den Vereinigten Staaten. Der Hersteller verkauft seine Fahrzeuge in Nordamerika, Europa, dem Nahen Osten und einigen Ländern im asiatisch-pazifischen Raum.

In gewisser Weise hat sich Tesla im Laufe der Jahre in der Automobilbranche Respekt verschafft und in einigen Bereichen sogar traditionelle Konkurrent*innen mit einer mehr als hundertjährigen Geschichte überholt.

Die Gründung von Tesla

Elon Musk interessierte sich lange Zeit für die Möglichkeiten von Elektroautos und wurde 2004 ein wichtiger Geldgeber von Tesla Motors (später in Tesla umbenannt), einem von den Unternehmern Martin Eberhard und Marc Tarpenning gegründeten Unternehmen für Elektroautos. Im Jahr 2006 brachte Tesla sein erstes Auto auf den Markt, den Roadster, der mit einer einzigen Ladung 394 km weit fahren konnte. Im Gegensatz zu den meisten früheren Elektrofahrzeugen, die Elon Musk für schwerfällig und uninteressant hielt, war dies ein Sportwagen, der in weniger als vier Sekunden von 0 auf 60 Meilen (97 km) pro Stunde beschleunigen konnte.

Der Börsengang des Unternehmens im Jahr 2010 spielte rund 226 Millionen Dollar ein. Zwei Jahre später brachte Tesla die Limousine Model S auf den Markt, die von Automobilkritiker*innen für ihre Leistung und ihr Design gelobt wurde. Auch für den Luxus-SUV Model X, der 2015 auf den Markt kam, erhielt das Unternehmen viel Lob. Das kostengünstigere Model 3 ging 2017 in Produktion.

Unzufrieden mit den geplanten Kosten für ein Hochgeschwindigkeitsbahnsystem in Kalifornien schlug Elon Musk 2013 eine andere, schnellere Methode vor. Er erfand den Hyperloop, eine pneumatische Röhre, in der eine Gondel mit 28 Passagieren innerhalb von 35 Minuten die Strecke von Los Angeles nach San Francisco zurücklegen würde. Diese würde eine Höchstgeschwindigkeit von 760 Meilen (1.220 km) pro Stunde erreichen, also fast Schallgeschwindigkeit. Er behauptete, dass der Hyperloop nur 6 Milliarden Dollar kosten würde. Mit Abfahrten im Durchschnitt alle zwei Minuten könnte das System die sechs Millionen Menschen aufnehmen, die diese Strecke jedes Jahr befahren.

Führungswechsel und Kontroversen

Aufgrund der Einstellung von Elon Musk war die Geschichte von Tesla schon immer umstritten.

In den Anfangsjahren leisteten die Autos nicht unbedingt das, was der Autohersteller behauptete. Später wurde dem Hersteller vorgeworfen, Fahrzeuge mit schwerwiegenden Montagefehlern auszuliefern, wie beispielsweise Türen, die nicht richtig ausgerichtet waren. Seitdem hat die Marke diese Probleme nach und nach gelöst.

Tesla hat ebenfalls stark in die Technologie investiert. So verfügt Model 3 nicht über eine herkömmliche Instrumententafel vor dem/der Fahrer*in. Alle Informationen und die meisten Bedienelemente des Autos sind auf einem riesigen digitalen Bildschirm zusammengefasst, der den zentralen Teil der Fahrzeugkabine einnimmt. Tesla bezeichnet diese Lösung als minimalistisch, aber nicht alle Verbraucher sind damit einverstanden. Die Autos der Marke sind mit einer Reihe von Kameras ausgestattet. Sie bieten nicht nur eine 360-Grad-Ansicht zur Unterstützung von Fahrmanövern, sondern sind auch Teil des *Sentry Mode-Systems.* Wenn ein Tesla geparkt ist, können alle Bewegungen rund um das Fahrzeug auf Video aufgezeichnet werden. Generell spielen Kameras in der Musks Strategie eine wichtige Rolle.

Im Jahr 2016 behauptete Tesla, dass seine Fahrzeuge mit Hard- und Software ausgestattet werden, die das autonome Fahren der Stufe 2 ermöglichen, bei dem der/die Fahrer*in das Auto selbst fahren lassen kann. Heute ist das System von Kontroversen überschattet und es wird immer wieder von Unfällen mit Tesla-Fahrzeugen berichtet, bei denen die Fahrer*innen schliefen. Der Marke wird vorgeworfen, ein System zu verkaufen, das ein Versprechen abgibt, das nicht gehalten werden kann.

Die jüngste Kontroverse, in die Tesla verwickelt war, betraf die Einführung des *Cybertrucks*, des ersten elektrischen Pick-ups der Marke. Elon Musk erklärte bei der Präsentation, dass die Fenster des Fahrzeugs starken Stößen standhalten sollten, um Vandalismus vorzubeugen. In der Praxis hielten die Scheiben jedoch dem Aufprall eines Stahlstücks von der Größe eines Tennisballs nicht stand. Das futuristische Aussehen des Wagens warf ebenfalls Fragen auf. Mit der unlackierten Karosserie und den scharfen Winkeln, die aussehen, als wären sie einem Computerspiel entsprungen, zielt der Cybertruck nicht auf den/die traditionelle*n Pick-up-Käufer*in der Vereinigten Staaten, sondern auf jüngere Verbraucher.

Bei allen Markteinführungen von Tesla gab es Verzögerungen bei den Auslieferungen. Der Markt wurde misstrauisch gegenüber Musks Versprechen, aber die Umsatzzahlen und der Wert des Unternehmens zeigten, dass Tesla trotz der Exzentrik des CEO bereits ein etabliertes Geschäft war.

Überleben in modernen Zeiten

Ende März 2020 hatte Tesla gerade einmal 9.766 Stückzahlen von Model 3 produziert. Diese Zahl lag zwar nahe an der Zielvorgabe, doch zu diesem Zeitpunkt konnte Tesla nicht beweisen, dass sie die Produktion in genau drei Wochen auf 5.000 Stück pro Woche würden steigern können.

Bei dem Automobilhersteller waren alle Hände voll zu tun, und das war im ganzen Unternehmen zu spüren. Interne Memos forderten die Mitarbeiter*innen auf, den „Hatern" zu beweisen, dass Tesla alles erreichen kann, was es sich vornimmt. In einer E-Mail wurde erneut betont, dass dies ein entscheidender Moment in der Geschichte von Tesla sei.

Infolgedessen tat Tesla, was es in der Vergangenheit immer getan hatte. Das Unternehmen und seine Mitarbeiter*innen wurden flexibel und passten sich den Gegebenheiten an.

Immer mehr Mitbewerber*innen platzieren ihre Elektroautos auf dem Markt, so dass die Auswahl für den Verbraucher immer größer wird. Inzwischen hat Tesla auch das Model Y angekündigt, und der Pick-up Cybertruck wurde ebenfalls vermarktet. Die Zukunft von Tesla steht unter einer guten Prognose, aber wie leicht es das Unternehmen haben wird, ist eine andere Frage.

Finanzielle und rechtliche Probleme

Im Jahr 2004 erhielt Elon Musk die erste Finanzierung von Tesla in Höhe von 7,5 Millionen Dollar. Er wurde zum Vorstandsvorsitzenden ernannt. Zu dieser Zeit wurde Musk in der Tech-Branche bereits respektiert, jedoch eher als ein Visionär mit viel Geld. 2000 wurde er als Vorstandsvorsitzender von PayPal abgesetzt und gründete 2002 das Raketen- und Weltraumforschungsunternehmen SpaceX. In den Jahren 2005 und 2006 leistete er weitere Beiträge zu Investitionen.

Bevor Tesla 2006 an den Start ging, verbrachte Musk viel Zeit im Labor. Zu Beginn lieh sich das Unternehmen ein Modell mit Lithium-Ionen-Batterien namens *Tzero* von *AC Propulsion*, das als Versuchskaninchen für neue Konzepte diente. Tesla entwickelte die Elektronik, den Motor und das Ladeanschlusssystem des Autos selbst, ein Merkmal, das Tesla von anderen Autoherstellern unterscheidet. Fast alles, was im Roadster vorhanden ist, war eine von Grund auf neu entwickelte oder vom Unternehmen selbst angepasste Technologie. Dies geschah aus zwei Gründen: um keine Patente und Lizenzen für andere Marken zu bezahlen und weil die Leistung geliehener Technologien nie zufriedenstellend war.

Ein Tweet zu viel

Tesla wäre ohne seinen Präsidenten wahrscheinlich nicht so schnell durch die Decke geschossen. Musk schien hinter den Kameras herzulaufen, als ob sein Leben davon abhinge. Er hatte ein attraktives Äußeres, konnte sich gut ausdrücken, war superreich und hatte Ideen, von denen eine großartiger war als die andere. Kurz gesagt, Musk wurde schnell zum Gesicht von Tesla – im Guten wie im Schlechten.

Aufgrund seiner ungeheuren, manchmal fehlgeleiteten Energie ist Musk gelegentlich ins Fettnäpfchen getreten. Am 7. August 2018 twittert er, dass er Tesla von der Börse nehmen wolle, sobald er eine offizielle Geldquelle gefunden habe (die Finanzierung war bereits gesichert).

Im folgenden Monat verklagte ihn die *United States Securities and Exchange Commission (SEC)* wegen Börsenbetrugs und behauptete, die Tweets seien *„falsch und irreführend"*. Kurz darauf lehnte der Tesla-Verwaltungsrat den von der SEC vorgeschlagenen Vergleich ab, weil Elon Musk mit seinem Rücktritt gedroht hatte. Die Nachricht ließ die Tesla-Aktien jedoch abstürzen, und man einigte sich schließlich auf einen härteren Kompromiss: Elon Musk trat für drei Jahre als Vorstandsvorsitzender zurück, durfte aber als in seiner Funktion weiterarbeiten.

Seitdem sind die Beziehungen zwischen Musk und der SEC angespannt, was für einen Industriellen selten eine gute Nachricht ist. Einige sagen das baldige Ende von Tesla voraus.

Tesla gegen die Welt

Tesla zählt heute zu den größten Automobilherstellern in den Vereinigten Staaten und ist auf der ganzen Welt bekannt. Das Unternehmen ist bereits mehr wert als klassische Konkurrenten, die in der Zeit stehen geblieben sind. Mehrere Unternehmen haben beschlossen, in diese Bereiche zu investieren, um nicht den Anschluss zu verlieren.

Zum zweiten Mal in der Geschichte hat der amerikanische Milliardär und Chef von SpaceX und Tesla, Elon Musk, die Marke von 300 Milliarden Dollar überschritten. Laut Forbes wuchs das Vermögen des Geschäftsmannes über Nacht um 32,6 Milliarden Dollar und beläuft sich nun auf 304,2 Milliarden Dollar. Zuvor war das Kapital des Milliardärs im November 2021 um 300 Milliarden Dollar gestiegen. Musk ist weiterhin der reichste Mann der Welt.

Google

Google ist zu einer festen Bezugsgröße geworden, wenn es um die Internetsuche geht. Aber die Geschichte des Unternehmens, das hinter der berühmtesten Suchmaschine im Internet steht, reicht mehr als 20 Jahre zurück. Wissen Sie zum Beispiel, wer Google gegründet hat? Woher der Name stammt?

Die Anfänge von Google

Google wurde am 4. September 1998 in Menlo Park, Kalifornien, an der Westküste der Vereinigten Staaten gegründet. Heute ist das Unternehmen eines der drei wertvollsten weltweit, neben Apple und Amazon. Außerdem verfügt Google inzwischen über ein umfangreiches Repertoire an Produkten, die weit über die Websuche hinausgehen, die nach wie vor sein Flaggschiff ist.

Zum Portfolio von Google gehören auch das Betriebssystem *Android*, die Apps *Maps*, *Waze* und *Fotos*, der Browser *Chrome*, der E-Mail-Client *Gmail*, der Cloud-Speicherdienst *Google One*, die *Google App Stores*, *Musik* und *Filme*. Ebenfalls *Play*, sowie die Videoplattform *YouTube*.

Auch im Bereich Hardware ist Google ein bekannter Vertreter, mit der Smartphone-Reihe *Pixel*, den Haushaltsassistenten der Reihe *Google Home*, dem Tablet *Pixel Slate*, dem Laptop *Pixelbook* und dem *Google-Wifi-Router*. Ganz zu schweigen von den Schwesterunternehmen, die unter demselben Konglomerat operieren. Zum Beispiel *Waymo*, ein Unternehmen, das Systeme für autonome Autos herstellt oder *Deepmind*, das sich mit künstlicher Intelligenz beschäftigt.

Wer hat Google gegründet? Und wann?

Google Inc. wurde 1998 in den USA von Larry Page und Sergey Brin gegründet, doch die Geschichte des Unternehmens begann schon viel früher. Page war 22 Jahre alt, als er Michigan verließ und sich den Campus der Stanford University ansah, da er dort studieren wollte.

Brin war 21 Jahre alt und bereits Student in Stanford im Studiengang Computerwissenschaften, als er beauftragt wurde, Page auf einer Campustour zu begleiten. Einigen Berichten zufolge waren die beiden bei ihrem ersten Treffen in fast allen Punkten unterschiedlicher Meinung, aber sie hatten einige Dinge gemeinsam. Page hatte bereits einen Abschluss in Informatik von der University of Michigan, als er nach Stanford ging, um zu promovieren. Brin und Page wurden zu *„intellektuellen Seelenverwandten"*, wie die Gründer selbst in einem Interview mit *The Economist* im Jahr 2008 sagten.

Gemeinsam beschlossen Brin und Page, ihre Doktorarbeit der Untersuchung der mathematischen Eigenschaften des *World Wide Web* zu widmen. Sie verfassten eine Dissertation mit dem Titel *„The Anatomy of a Large-Scale Hypertextual Web Search Engine"*.

Die Arbeit beschrieb die technischen Eigenschaften einer Suchmaschine, die in der Lage ist, das gesamte Web zu durchsuchen und Seiten nach Relevanz aufzulisten. Im Laufe der Zeit wurde das Dokument zu einem der am häufigsten heruntergeladenen wissenschaftlichen Texte in der Geschichte des Internets.

Um die Ideen aus der Dissertation in die Praxis umzusetzen, entwickelten Page und Brin *BackRub*, eine Suchmaschine, die eine Technologie namens *PageRank* verwendete. Das System ermittelte die Relevanz einer Website in Bezug auf den Suchbegriff, indem es die Anzahl der Seiten auf dieser Domain berücksichtigte und wie viele Seiten von anderen Websites mit ihr verlinkt waren.

Die Geburt von Google Inc.

Das System der Suchmaschine hat sich bis heute kaum verändert. Schließlich änderte das Duo den Namen von *BackRub* in *Google*, eine Anspielung an das Wort *googol*, das für die Zahl 1, gefolgt von hundertmal der Zahl 0 steht.

Ursprünglich befand sich die Website auf den Servern der Stanford University und wurde über die URL *google.stanford.edu* aufgerufen. Die Domain *google.com* wurde erst am 15. September 1997 registriert.

Es dauerte nicht lange, bis das Unternehmen Gestalt annahm. Das Duo Page und Brin begann mit der Beschaffung von Finanzmitteln für die Gründung des Unternehmens und lieh sich unter anderem Geld von Verwandten und Freund*innen. Google Inc. war bis zum 4. September 1998 als privates Unternehmen in den US-Registern eingetragen.

Die ursprüngliche Adresse von Google war die Garage einer Freundin, Susan Wojcicki, heute Vorstandsvorsitzende von

YouTube in Menlo Park. Larry Page übernahm den Posten des Vorstandsvorsitzenden von Google und Sergey Brin den des Präsidenten. Der Klassenkamerad Craig Silverstein war der erste Mitarbeiter, den das Unternehmen einstellte und verließ es im Jahr 2012.

Google wuchs mit einigen weiteren Investitionsrunden, blieb aber ein Garagen-Startup. Kurz darauf, im Jahr 1999, beschlossen Brin und Page, Google zu verkaufen. Für damals 1 Million Dollar wandten sie sich an *Excite*, ein bekanntes Internetportal, das 1995 gegründet wurde.

Der damalige CEO von Excite, George Bell, lehnte das Angebot ab und wollte Google nicht kaufen. Page und Brin versuchten es erneut und senkten den Preis auf 750.000 Dollar, aber Bell lehnte erneut ab.

Wachstumsverlauf

Obwohl das Unternehmen als Suchmaschine begann, umfasst das Angebot von Google inzwischen mehr als fünfzig verschiedene Produkte: E-Mails *(Gmail)*, Anwendungen, Karten *(Earth, Maps, Waze, Street View)*, Videokonferenz- und Messaging-Programme *(Hangouts)* und die gemeinsame Bearbeitung von Online-Dokumenten *(Google Docs)*.

Sergey entwickelt unterdessen auch *Deepmind*, ein innovatives Unternehmen für die Entwicklung künstlicher Intelligenz.

Gmail, Google Docs, Google Books und YouTube

Im Jahr 2004 begann Google damit, einigen Beta-Nutzern ein kostenloses E-Mail-Konto, *Gmail*, anzubieten. Im Jahr 2007 wurde der Dienst für alle Nutzer geöffnet. Zwei Jahre später erwarb Google YouTube, die beliebteste Website für von Nutzern hochgeladene Videos, für 1,65 Milliarden Dollar in Aktien.

2005 investierte das Unternehmen in *Google Books* und stellte eine Reihe digitalisierter Werke kostenlos zur Verfügung. Allein im Jahr 2012 hat Google 15 Millionen Bücher aus Bibliotheken weltweit digitalisiert. Mit dem Ziel, die Kommunikation zu erleichtern, entwickelte der Konzern auch *Google Translate*.

Im Jahr 2008 war es an der Zeit, den Browser *Chrome* auf den Markt zu bringen, der 2020 zum Spitzenreiter bei den Nutzern wurde und den beliebten *Internet Explorer* und *Mozilla Firefox* überholte.

2012 erwarb Google *Motorola Mobility*. Dennoch ist die Suchmaschine nach wie vor das wichtigste Produkt des Unternehmens, das nach wie vor den größten Teil des Geldes durch den Verkauf von Werbung einnimmt.

Der Einstieg von Google in den Aktienmarkt

Erst am 19. August 2004 ging Google an die Börse und verkaufte Aktien. Als der Börsengang beschlossen wurde, machten die Führungskräfte der Suchmaschine ein öffentliches Verkaufsangebot (OPV). Am Tag des Börsengangs war jede Aktie 85 Dollar wert und es wurden insgesamt 1,67 Milliarden Dollar eingenommen. Zu diesem Zeitpunkt hatte das Unternehmen einen Marktwert von 2,8 Milliarden Dollar.

Im Jahr 2013, nach neun Jahren an der Wall Street, wuchs Google um 922 %, und das Unternehmen wurde mit 290 Mrd. Dollar bewertet. Am 19. August 2013 wurde jede Aktie für 869,24 $ gehandelt.

Google und mehr
Sie wissen (oder sollten wissen), dass Google praktisch jeden Ihrer Schritte im Internet verfolgt. Nicht jede*r weiß, dass es möglich ist, nachzuvollziehen, welche Informationen über Sie das Unternehmen besitzt und wie viel es über Ihr Online-Profil weiß.

Für die meisten Programme oder Dienste, die von Google angeboten werden, gibt es eine Alternative. Trotzdem werden Sie höchstwahrscheinlich einige einzigartige Funktionen des Dienstes vermissen, sollten Sie sich entscheiden, auf Google zu verzichten, um Ihre Privatsphäre zu schützen. Darüber hinaus kann es unvermeidlich sein, dass Sie auf einen Link klicken müssen, um auf etwas zuzugreifen, das für Sie freigegeben wurde. Wie bereits erwähnt, können auch einige Programme hiervon betroffen sein.

TEIL 2

DIE „F"-KULTUR

ECCO

BEQUEMKAUF - ZUHAUSE
Versuchen Sie mal, so in einem Buchladen einzukaufen.
Bei ECCO geht das. Ohne Parkplatzprobleme, Warteschlangen, unfreundliche Verkäufer oder Engpässe. Mit größter Bequemlichkeit, kompetenter Beratung, einem unbegrenzten Sortiment und fantastischen Service-Leistungen. Also: Seife weglegen und zum Telefon greifen. Alles andere erledigen wir.
ECCO
DER BUCH, MUSIK UND VIDEO EXPRESS

Kapitel 4

„F" Steht Für Fehlschlag

„Es ist oft die Wahrnehmung des Scheiterns, die mehr schmerzt als das Scheitern selbst."

– Francis Gosselin

Als Führungskraft werden Sie früher oder später scheitern. Das ist unvermeidlich. Aber Sie werden auch einen Nutzen aus Ihrem Scheitern ziehen, ob groß oder klein.

Fehlschläge werden in der Geschäftswelt oft als das verbotene *„F"-Wort* betrachtet. Leider. Ein Misserfolg ist kein Totalausfall; Sie können ihn zu Ihrem Vorteil nutzen.

Jeder Mensch weiß, was ein Fehlschlag ist. Das Produkt lässt sich nicht verkaufen und nach der Umstrukturierung wird alles nur noch schlimmer. Lieferungen werden unterbrochen, der/die Redner*in wird nicht beklatscht, die Situation gerät außer Kontrolle. Die Grundlage für einen Albtraum. Scheitern ist das Gegenteil von Erfolg. Man versucht, das Unternehmen zu optimieren, um sich zu schützen. Schicht für Schicht werden Führungsebenen aufgebaut, um Risiken zu verringern und Katastrophen zu verhindern.

Das Scheitern einer Führungskraft wird oft als das Ende angesehen, aber das muss nicht sein. Für die meisten Führungskräfte und ihre Unternehmen ist das Scheitern erst der Anfang.

Wenn Sie feststellen, dass Ihr Betrieb untergeht, ist es an der Zeit, die Richtung zu ändern und eine Lösung für das Problem zu finden. Vielleicht müssen Sie noch einmal ganz von vorne anfangen. Wenn ja, auch gut. Mein eigenes erstes Geschäft war ein Misserfolg, aber ich bin immer noch im Rennen. Und warum?

Weil ich mir die Probleme, die ich mit meinem ersten Unternehmen hatte, angesehen habe und das, was ich daraus gelernt habe, bei meinen künftigen Entscheidungen berücksichtige.

Die 3 F des Scheiterns

„Wenn Sie noch nie gescheitert sind (im Geschäftsleben), führen Sie wahrscheinlich ein zu gemütliches Leben und gehen nicht genug Risiken ein“

- Alexandre Taillefer, Serienunternehmer.

Je nachdem, wen Sie fragen, gibt es viele Gründe, warum Führungskräfte scheitern.

Jede Entscheidung im Leben einer Führungskraft trägt ihren Teil zum Scheitern bei, aber alle stehen in direktem Zusammenhang mit einem der 3 F:

1. Fehlschläge bei der Gründung
2. Finanzielle Fehler
3. Fehlerhafte Geschäftsmodelle

Sie können kein Problem angehen, wenn Sie dessen Existenz leugnen.

Zu verstehen und zur Kenntnis zu nehmen, warum eine Führungskraft scheitert, ist entscheidend für deren Erfolg. Wenn ich Führungskräfte frage, warum ihre Unternehmen scheitern, erlebe ich oft, dass sie sich noch gar keine Gedanken darüber gemacht haben. Führungskräfte, die mit Begeisterung bei der Sache sind, können motivierend sein, aber ihr Idealismus kann auch dazu führen, dass sie die häufigsten Ursachen des Scheiterns vergessen.

Fehlschläge hervorgerufen durch Gründer (Führungskräfte)

Wenn ich Sie bitten würde, sich eine Führungskraft vorzustellen, würden Sie wahrscheinlich an Steve Jobs oder Mark Zuckerberg denken. Diese Personen sind eher die Ausnahme als die Regel.

Natürlich sind Führungskräfte so unterschiedlich wie die Vorstellungen, auf denen sie aufbauen. Man geht davon aus, dass weltweit mehr als 450 Millionen Führungskräfte in der Wirtschaft tätig sind und jeden Tag kommen neue hinzu. Diese neuen Führungskräfte gehen häufig unvorbereitet an ihre Aufgaben heran. Sie verwechseln Leistungsfähigkeit mit Kompetenz, dabei ist beides notwendig, um ein erfolgreiches Unternehmen aufzubauen.

Die Fähigkeit einer Führungskraft, sich den alltäglichen Herausforderungen der Führung eines Unternehmens zu stellen, wird als *Gründertauglichkeit (founder capacity)* bezeichnet und umfasst alle Bereiche, von der körperlichen Fitness bis zur geistigen und emotionalen Tauglichkeit.

Die Leistungsfähigkeit einer Führungskraft umfasst alle Talente, die zur Führung eines Unternehmens erforderlich sind.

Dazu gehören technische Fähigkeiten, Kommunikationsfähigkeit, Führungsqualitäten, Verhandlungsgeschick und Konfliktlös ungsfähigkeit. Leistungsfähigkeit ist viel einfacher aufzubauen als Kompetenz. Teams von Führungskräften mit sich ergänzenden Fähigkeiten sind ebenfalls erfolgreicher als einzelne Führungskräfte. Trotzdem habe ich gesehen, dass viele Unternehmen am mangelnden Zusammenhalt unter den Führungskräften scheitern. Es ist wichtig, dass Sie sich eine kollegiale Führungskraft aussuchen und lernen, wie Sie mit ihr zusammenarbeiten können.

Wenn Sie sich mit den richtigen Leuten umgeben – von Vorstandsmitgliedern bis hin zu Berater*innen – erreichen Sie Ihre Ziele leichter.

Finanzielle Fehler

Ein Misserfolg aufgrund fehlender Finanzmittel scheint eine ausgemachte Sache zu sein. Unabhängig von der Hauptursache des Scheiterns geht den meisten gescheiterten Unternehmen irgendwann das Geld aus. Das kann am mangelnden Vertrauen der Investor*innen in die Führungskräfte liegen oder daran, dass kein Businessplan vorgelegt wurde. Irgendwann kommt der tödliche Engpass und es bleibt nicht mehr genug Zeit, um neues Geld zu beschaffen, bevor die Bargeldreserven des Unternehmens aufgebraucht sind.

Überraschenderweise kann ein Unternehmen auch an einer Überfinanzierung scheitern. Überfinanzierte Unternehmen laufen Gefahr, ihren Wettbewerbsvorteil zu verlieren und sich abzuhetzen. Der Vergleich mit einem/einer Hungernden, dem/der man ein üppiges Abendessen vorsetzt und der/die anschließend daran stirbt, weil er/sie zu viel gegessen hat, ist eine gute Analogie.

Mehrere gut finanzierte Unternehmen haben sich zurückgelehnt und sich auf die neue Büroeinrichtung und das Design ihrer Visitenkarten konzentriert, anstatt ihre Hypothesen und Wertangebote für Verbraucher*innen weiter auf den Prüfstand zu stellen.

Meiner Erfahrung nach gibt es bei Unternehmen in der Frühphase einen idealen Punkt für die Beschaffung von Finanzmitteln.

Ein Unternehmen und seine Führungskräfte können darauf verzichten, dass ihnen die Investor*innen bei jedem Schritt im Nacken sitzen oder dass sie den zukünftigen Kurs nicht richtig einschätzen können. Sie müssen die richtigen Investor*innen finden und sie mit auf die Reise nehmen. Unstimmigkeiten zwischen Führungskräften in Hinblick auf die Finanzen, können dem Unternehmen schaden.

Fehlerhafte Geschäftsmodelle

Ein Geschäftsmodell wird von Führungskräften häufig mit einem Konzept oder einem Produkt verwechselt. Die meisten Unternehmen beginnen mit einem Konzept, was häufig positiv ist, doch vonseiten der Führungskräfte wird zu viel Wert daraufgelegt und das Wesentliche verschwindet aus dem Blickfeld. Geschäftsmodelle - nicht Ideen - machen erfolgreiche Unternehmen aus. Es ist einfach, eine clevere Idee zu haben, aber es ist viel schwieriger, einen vollwertigen, profitablen Businessplan zu entwickeln. Für die meisten Ideen gibt es einen Markt, aber selbst der muss in vielen Fällen noch erprobt werden.

Es existieren vier Arten des Scheiterns von Geschäftsmodellen:

- **Mangelnder Bedarf:** Dies ist auf ein mangelndes Verständnis des Problems zurückzuführen und die Lösung wird vom Zielkund*innen als nicht relevant erachtet.
- **Mangelnde Durchführbarkeit:** Es gibt zahlreiche Gründe für das Scheitern eines Geschäftsmodells. Es könnte an einer schlechten Personalbesetzung, einer Ausrichtung auf die falschen Aktivitäten oder einer mangelnden Umsetzung liegen.
- **Mangelnde Überlebensfähigkeit:** Im Hinblick auf die Einnahmen, Wachstumsraten und Ausgaben ist es von entscheidender Bedeutung, den Cash-Burn im Rahmen einer Geschäftsstrategie zu steuern, die letztendlich zur Rentabilität führt. Die Investor*innengemeinschaft hat sich in letzter Zeit von Wachstumsunternehmen (Unternehmen, die sich ausschließlich auf das Nutzer*innenwachstum oder andere Wachstumsmaßnahmen konzentrieren – z. B. *Twitter*) hin zu Renditeunternehmen (Unternehmen, die sich auf Finanzkennzahlen wie Break-Even und Kund*innenakquisitionskosten konzentrieren – z. B. *Google*) verlagert.
- **Mangelnde Anpassungsfähigkeit:** Unternehmen sind per Definition disruptiv, aber das bedeutet nicht, dass sie nicht konkurrenzfähig sind. Es ist wichtig, an Dinge wie staatliche Regulierung und interne Risiken zu denken.

Sich entscheiden, wie man sich entscheidet

Die Motivation, den eigenen Plan bis zum Ziel zu verfolgen, muss wichtiger sein als die Angst vor dem Scheitern. Dann gelingt es auch, in kurzer Zeit wieder aufzustehen.

Sichere Strategien

Ist es möglich zu versuchen, ein Leben (zumindest ein berufliches Leben) zu führen, in dem Fehler und Niederlagen vermieden werden? Vielleicht ist ja tatsächlich der Weg das Ziel. Der Erfolg ist dann nicht das Erreichen eines Gipfels, sondern eine Reihe von erfolgreichen, sich wiederholenden, bewährten Schritten.

Die Strategie *„beim Alten bleiben"* scheint auf den ersten Blick sicher zu sein. Denn jede neue Bewegung bringt das System aus dem Gleichgewicht und erhöht das Risiko, das zu verlieren, was bereits vorhanden ist. Das ist übrigens der häufigste Grund für das Scheitern von Führungskräften: Sie haben Angst, dass sich ihre Position durch Umstrukturierung verschlechtern wird. Das Problem ist nicht nur, dass sie eine öffentliche Niederlage erleiden (was an sich schon sehr unangenehm ist), sondern auch, dass sie als Folge dieser Niederlage mehrere Schritte zurückgehen.

Vergleichbare Risiken

Warum gehen manche Menschen immer noch Risiken ein? Weil sie keine Angst vor dem Scheitern haben? Die Antwort ist nicht ganz so offensichtlich: Sie können Bedrohungen besser einschätzen.

Stabilität ist bisweilen leider eine schreckliche Sache – während wir stillstehen, vergeht die Zeit, die Welt verändert sich, es entstehen neue Ideen, neue Idole, neue Werte und soziale Normen. Daher führt der Versuch, auf der Stelle zu verharren, oftmals zu einem traurigen Ergebnis: Man wird überflüssig. Diejenigen, die entscheiden zu handeln, aufzuhoren und etwas Neues aufzubauen, wählen einfach die Strategie mit dem geringsten Risiko.

Natürlich haben auch sie Angst vor dem Scheitern. Auch diejenigen, die wir für so glücklich halten, dass sie das Wort „Scheitern“ nicht kennen, haben Angst, doch sie betrachten die Niederlage nicht als das Ende des Weges, sondern als dessen nächste Etappe – unvermeidlich und wertvoll.

Hilfreiche Irrtümer

Heute glaubt niemand mehr an einen durchschlagenden Erfolg. Niemand hält Menschen, die Fehler machen und diese auch zugeben, für schwach. Fehler werden nicht mehr verteufelt. Sie werden sehr sorgfältig unter die Lupe genommen und jeder einzelne bringt eine Menge interessanter Erkenntnisse hervor.

Heutzutage wird jemand, der/die nicht über seine/ihre gescheiterten Erfahrungen sprechen kann, keine Vorstellungsgespräche überstehen. Und er/sie wird weder für Investor*innen, noch für Partner*innen von Interesse sein. In der heutigen Zeit ist es viel einfacher, Investitionen für ein Unternehmen zu bekommen, wenn es bereits mehrere Anläufe hinter sich hat. Und zwar auch dann, wenn es gescheitert ist, denn hinter jedem Fehler und jedem Misserfolg steht eine unschätzbare Erfahrung und etwas noch Wichtigeres: Widerstandsfähigkeit. Wenn also die Anleihen um Sie herum zu bröckeln beginnen, sich alle Berechnungen als falsch erweisen, der Markt aufgrund eines unvorhersehbaren Virus zusammenbricht und die Anleger*innen ihr Geld woanders hinbringen, dann bleiben Sie auf den Beinen.

Kleine Misserfolge sind notwendig, um das große Scheitern zu vermeiden

Die Strömungen, die Innovation und Unternehmertum unterstützen, befürworten kleine, schnelle Verluste, deren

Ziel es ist, die vielschichtige Realität durch aktives Handeln kennenzulernen und sich anzupassen. Es geht nicht darum, sich Hals über Kopf in etwas hineinzustürzen.

Ein Unternehmer, der zum Beispiel eine neue Uhr für Radfahrer auf den Markt bringt, muss seine Idee schnell durch einige Prototypen testen. Es hängt alles davon ab, was die Leute sagen und wie zufrieden sie mit den Produkten und dem Geschäftsmodell sind. Beispielsweise erfährt der Unternehmer dadurch, welche Art von Herzfrequenzsensor er anbieten soll und wie viel dieser kostet.

Nehmen wir an die Uhr enthält keine Ortungsfunktion, aber 80 % der angepeilten Radfahrer*innen wollen wissen, wie schnell sie bestimmte Abschnitte ihrer Strecke zurückgelegt haben; das bedeutet einen Misserfolg, weil der Unternehmer die Erwartungen der Kund*innen nicht befriedigen konnte. Aber das ist ein kleiner Misserfolg, der nur die Prototypen betrifft und einen größeren Verlust vermeidet: Tausende von unverkäuflichen Uhren, weil sie die Kund*innenbedürfnisse nicht erfüllen und kein Geld mehr auf der hohen Kante.

Scheitern als Sprungbrett

In Situationen des Scheiterns können ungeahnte Handlungsmöglichkeiten auftauchen. Ist man an diesem Punkt angelangt, führen Offenheit und Loslassen vielleicht zu Ergebnissen, die die gesetzten Ziele übertreffen. Mit der richtigen Geisteshaltung kann das Scheitern also zum Erfolg führen. Nehmen Sie an Konferenzen teil, lesen Sie Erfahrungsberichte. Viele Analysen wie z. B. *„Die X Lehren, die wir aus dem Scheitern von Unternehmen ziehen“*, sind auch Ressourcen, aus denen wir Kapital schlagen können.

Die Post-Mortem-Methode, um aus dem Scheitern zu lernen

„Machen Sie es zumindest falsch. Sobald Sie das tun, haben Sie die Chance, es zu verbessern. Auf Perfektion zu warten ist gleichbedeutend damit, gar nicht erst anzufangen.“ – Seth Godin.

Sie können aus Ihren Misserfolgen Nutzen ziehen, wenn Sie nicht die Vogel-Strauß-Politik betreiben: Sie müssen wissen, wie Sie wieder auf die Beine kommen und daraus lernen, was Ihnen später nützlich sein wird. So können Sie sich das Scheitern zunutze machen, nach dem Prinzip: *Versuch-Fehler-Verbesserung.*

Wir können die Situation mit einem Werkzeug bearbeiten, das viele Menschen nicht verwenden, das aber einfach und sehr flexibel ist: die *Post-Mortem-Analyse.*

Das Post-Mortem muss gut vorbereitet sein. Es sollte stattfinden, solange die Situation in den Köpfen der Menschen noch präsent ist. Diese müssen jedoch genug Zeit gehabt haben, um Informationen zu sammeln. Der Inhalt eines Post-Mortems kann sehr sachlich sein. Zum Beispiel eine Erinnerung an das Projekt, die Rolle jedes/jeder Einzelnen, was gut funktioniert hat, was man hätte besser machen können, was man gelernt hat und welche Maßnahmen zu ergreifen sind. Es kann aber auch sehr persönlich und subjektiv sein, ein bisschen wie ein Tagebuch, in dem Sie Ihre Gefühle über das Scheitern festhalten. Dieses zusammenfassende Dokument hilft Ihnen dabei, sich an Gelerntes zu erinnern, wenn ein ähnliches Projekt ansteht.

Das Gefühl des Scheiterns

„Scheitern ist nicht angenehm. Aber es öffnet ein Fenster zur Realität, erlaubt uns, unsere Fähigkeiten zu entfalten oder

unserer Suche, unserem tiefen Wunsch, näher zu kommen.“ – Charles Pépin, Philosoph und Schriftsteller.

Ob ein Ziel erreicht wird, ist eine subjektive Angelegenheit, da sie mit Wahrnehmung und Emotionen verbunden ist. Die entscheidende Frage für eine Führungskraft, wenn es um das Scheitern geht, ist, ob sie eine Haltung einnimmt, die der eigenen Widerstandsfähigkeit förderlich ist:

- **Ziele:** Ist die Führungskraft davon überzeugt, dass die Ziele erreichbar sind? Welchen Einfluss haben diese Ziele auf die Mission und die Vision des Unternehmens? Hält die Führungskraft sie für relevant und erstrebenswert? Hat die Führungskraft diese Ziele selbst festgelegt oder wurden sie von anderen auferlegt? Sind diese Personen unverzichtbar und glaubwürdig?

- **Verantwortung:** Welche Ursachen liegen dem Scheitern zugrunde? Waren sie vom Auftragnehmer/ von der Auftragnehmerin kontrollierbar? Welchen Anteil hat die Führungskraft an der Verantwortung für den Verlust? Was hätte sie anders machen können? Gelingt es ihr loszulassen, oder wird sie von Schuldgefühlen überwältigt?

- **Sozialer Druck:** Wie nimmt das Umfeld der Führungskraft das Scheitern wahr? Wird Scheitern von der Gesellschaft toleriert? Ist die Meinung der anderen für die Führungskraft von Bedeutung? Welchen Ruf hat der/die Auftragnehmer*in?

Die Macht der Lernfähigkeit

Was mich nicht umbringt, macht mich stärker.

Scheitern annehmen

Sie haben vielleicht schon viele Berichte über den „*Erfolg über Nacht*" gehört. In den meisten Fällen verschleiern diese Geschichten die Misserfolge hinter diesen Erfolgen. Zum Beispiel entwickeln Ärzt*innen und Forscher*innen oft Tausende von Impfstoffen, die nicht helfen oder sogar schaden, bis sie einen finden, der den gewünschten Erfolg erzielt ist. Ebenso gründen Führungskräfte manchmal viele Unternehmen, bis sie eine Formel finden, die Gewinn abwirft.

Wenn Sie Angst vor dem Scheitern haben, versuchen Sie, diese Angst anzunehmen und sich damit auseinanderzusetzen. Sie sind nicht der/die Einzige.

Ehrlich sein

Nehmen wir an, Ihr Unternehmen oder ein bestimmtes Produkt ist ein Misserfolg. In der Geschäftswelt müssen Sie ehrlich zu Ihrem Team sein. Wenn Ihr Unternehmen an Schwung verliert oder Sie einen schweren Fehler gemacht haben, geben Sie es zu.

Führungskräfte fühlen sich beim Aufbau ihrer Unternehmen und auch bei ihren Misserfolgen oft allein. Aber Sie sind nicht allein. Ihr Team und Ihre Partner*innen stehen Ihnen bei Erfolg und Misserfolg zur Seite. Je eher Sie ein Problem zugeben, desto wahrscheinlicher ist es, dass man Ihnen helfen wird, das Problem zu lösen und Ihr Unternehmen weiter zum Erfolg zu führen.

Wenn jemand anderes Sie auf Ihren Fehler oder Verlust hinweisen muss, wird sich die Lage nicht verbessern. Je tiefer sie sich in ein Netz aus Lügen verstricken, umso schwerer wird es, dort wieder hinauszufinden.

Natürlich müssen Sie auch sich selbst gegenüber ehrlich sein. Gestehen Sie sich selbst ein, dass Sie einen Fehler gemacht haben. Wenn Sie ein Problem frühzeitig erkennen, haben Sie noch ausreichend Zeit, es zu beheben.

Fragen beantworten

Wenn Sie bei etwas versagen, haben nicht nur Sie, sondern auch Ihr Team die Konsequenzen zu tragen. Sie können Erklärungen anbieten, aber verzichten Sie auf Ausreden. Wenn Sie Ihren Fehler zugeben und ihn öffentlich untersuchen, erfahren Sie mehr darüber, was Sie falsch gemacht haben und können diese Fehler in Zukunft vermeiden. Auch das Beantworten von Fragen, die Mitglieder Ihres Teams stellen, kann Ihnen helfen, sich selbst zu ordnen.

Anstatt sich in Ihrem Büro zu verstecken, sollten Sie ein Treffen vereinbaren. Zeigen Sie Ihrem Team eine *Gewinn-und-Verlust-Rechnung*. Ihre Ehrlichkeit und Bereitschaft, Fragen zu beantworten wird das Gruppengefühl stärken. Von dort aus können Sie mit dem Wiederaufbau beginnen.

Mit Emotionen auseinandersetzen

Es gibt einen großen Unterschied zwischen einer Reaktion und einer Erwiderung. Die Reaktion ist Ihre gefühlsmäßige und spontane Antwort. Sie verschlimmert in der Regel das Problem. Das liegt daran, dass die Geschäftswelt keine Gefühle empfindet. Die Börse kümmert sich nicht darum, ob Sie Geld verdienen oder nicht. Eine emotionale Reaktion führt zu einem Mangel an Bewegungsspielraum und Handlungsfähigkeit. Eine Erwiderung hingegen bedeutet, die Trägheit zu überwinden. Wenn Sie zum Beispiel wissen, dass Ihre Leads nicht im erwünschten Ausmaß agieren, können Sie Ihr Marketing anpassen, um die verloren gegangenen Kund*innen wieder anzuziehen. Ebenso können Sie, wenn Ihre Produkte bei den Verbrauchern keinen Anklang finden, in die Entwicklungsphase zurückkehren.

Indem Sie Ihre Emotionen untersuchen und lernen, mit ihnen umzugehen, finden Sie passende Erwiderungen auf Misserfolge und sparen sich unvorteilhafte Reaktionen darauf. Der Umgang mit Ihren Emotionen bedeutet nicht, sie zu ignorieren, denn Versagen kann zu Wut, Traurigkeit oder Angst führen. Untersuchen Sie diese Gefühle. Nehmen Sie sich etwas Zeit, um das Geschehene zu verarbeiten und einen Plan zu erstellen. Dann können Sie sich auch wieder positive Veränderungen vornehmen.

Daraus lernen

Die Idee ist ganz einfach: Lernen Sie aus Ihren Fehlern. Es gibt immer etwas, das Sie aus der Erfahrung eines Verlustes ziehen können. Ein wesentlicher Bestandteil der Umwandlung eines Misserfolgs in einen Vorteil besteht darin, herauszufinden, wie und warum es zu diesem Problem kam.

Das Wissen darum, dass die meisten jungen Firmen scheitern, hält viele Menschen davon ab, ein Unternehmen zu gründen. Das ist schade. Lassen Sie sich nicht davon abhalten, Ihre Träume zu verwirklichen und sehen Sie der Tatsache ins Auge, dass die Zukunft ungewiss ist und dass ein Scheitern möglich ist, aber nicht das Ende bedeutet!

Für die Zukunft planen

Fast 30% aller Unternehmen scheitern an Geldmangel. Viele werden extern finanziert, aber 79% der kleinen Unternehmen mit weniger als fünf Mitarbeiter*innen greifen auf die Ressourcen ihrer Führungskraft zurück, Tendenz fallend.

Ihr Plan wird sich im Laufe der Zeit ändern, aber überhaupt keinen Plan zu haben, ist an sich schon ein Misserfolg. Wenn Sie für die Zukunft planen, verfügen Sie über zusätzliches Kapital, einen Notfallplan und ein zuverlässiges Team, das mögliche Probleme voraussehen und den Schwung beibehalten kann.

Sich motivieren

Verwandeln Sie Ihre Angst in Motivation. Misserfolge sind nur ein Schritt auf dem langen Weg zum Erfolg. Die Kombination aus Fehlschlag und Angst kann das Ende Ihres Unternehmens bedeuten, aber wird das Problem mit Motivation gespickt, öffnen sich manchmal ganz neuen Türen. Es werden Wege sichtbar, die zuvor vielleicht im Verborgenen lagen.

Nehmen wir an, Sie scheitern. Etwas geht schief und sie müssen zwanzig Schritte zurückgehen. Sie sehen kein Vor und kein Zurück und alle Türen scheinen verschlossen. Erinnern Sie sich an alle, die Ihnen gesagt haben, Sie würden es nicht schaffen und werfen Sie dann einen Blick auf die dreißig Schritte, die sie bereits gegangen sind. Das sind schon mal zehn mehr als die anderen geschafft haben. Zehn mehr, als man Ihnen zugetraut hat. Stehen Sie also auf und machen sich wieder auf den Weg!

Perspektive gewinnen

Scheitern bedeutet, dass Sie etwas versucht haben. Hätten Sie nie ein Unternehmen gegründet, hätten Sie auch nicht scheitern können. Nutzen Sie diesen Blickwinkel, um Ihre zukünftigen Ziele und Hindernisse anzugehen. Untersuchen

Sie Ihre Misserfolge, um die Schwächen Ihres Unternehmens zu ermitteln. Hatten Sie Probleme damit, einen hohen Bekanntheitsgrad zu erreichen? Haben Ihre Kund*innen Schwierigkeiten, Sie im Internet zu finden?

Sobald Sie diese Schwächen erkannt haben, können Sie neue Ideen entwickeln. Ich liebe es, Hypothesen aufzustellen und sie im wirklichen Leben zu testen.

Wenn Sie nicht wissen, wie Sie eine Perspektive für Ihr Scheitern finden können, holen Sie sich Hilfe. Es schadet nicht, eine*n Außenstehende*n oder Mentor*in zu bitten, sich Ihr Unternehmen einmal anzuschauen. Es kann sein, dass Sie die Perspektive nicht sofort erkennen. Die Verarbeitung des Scheiterns, das Loslassen von Emotionen und die Rückkehr zu logischem Denken kann viel Zeit in Anspruch nehmen.

Burnout vermeiden

Führungskräfte fühlen sich oft gefangen wie in einem Hamsterrad: Sie laufen im Kreis und kommen nicht weiter. Lassen Sie nicht zu, dass der Misserfolg Ihres Unternehmens Sie zermürbt.

Das Burnout-Syndrom ist in der Welt des Managements weit verbreitet. Unternehmen verlangen von ihren Führungskräften viele Arbeitsstunden und vollen Einsatz. Ihre Ressourcen sind schnell erschöpft, wenn Sie auf diese Weise arbeiten. Anstatt weiter wie ein Hamster zu rennen, sollten Sie einen Moment innehalten und die Richtung überprüfen. Wenn Sie nicht weiterkommen, versuchen Sie den umgekehrten Ansatz. Viele Führungskräfte kommen auf die besten Ideen, wenn sie ein Problem noch einmal überdenken und über andere Lösungsmöglichkeiten sinnieren.

Führungskräfte investieren oft ihr eigenes Geld in ihre Projekte. Das bedeutet, dass die ganze Familie in diesem Unternehmen steckt. Mit der Firma steht und fällt alles. Das erzeugt eine Menge Druck!

Wenn Sie also viel Zeit und Geld in Ihr Unternehmen investieren und doch keinen Fortschritt erfahren, werden Sie irgendwann an Ihre Belastungsgrenze stoßen. Ein hohes Maß an Stress, wenig Schlaf und mangelnde Klarheit sind Anzeichen für ein Burnout.

Wir alle haben viele Rückschläge erlitten

Alles oder nichts. Das ist das Motto vieler Führungskräfte. Mich selbst eingeschlossen.

Ein großer Misserfolg bedeutet, dass Sie über das Potenzial verfügen, einen großen Erfolg zu landen. Er kann zu Ihrem Vorteil genutzt werden, genau wie auch ein kleiner Verlust. Vielleicht brauchen Sie einfach mehr Zeit, um herauszufinden, was Sie als Nächstes tun sollten. Ein folgenschwerer Misserfolg kann das Ende Ihres derzeitigen Unternehmens bedeuten, aber er bedeutet nicht, dass Sie generell aus dem Spiel sind.

Ich habe bereits mehrere Unternehmen gegründet. Einige mit größerem Erfolg als andere. Heißt das, dass ich mich mit einem Leben voller unerfüllter Träume zufriedengegeben habe? Nein, natürlich nicht! Wenn der Misserfolg gravierend ist, wissen Sie, dass der Versuch bedeutend war.

Schnell Scheitern

Wenn Sie scheitern, dann tun Sie es schnell. Ein langsamer Abstieg mindert nicht den Schmerz, wenn Sie schließlich den Tiefpunkt erreichen. Wenn Sie feststellen, dass Ihr

Unternehmen scheitert, ist es an der Zeit, offensiv zu reagieren. Je schneller Sie Ihre Strategie anpassen können, desto schneller haben Sie wieder Erfolg.

Sich das Scheitern zunutze machen

Ein Misserfolg ist ein hervorragender Zeitpunkt, um Ihre Ziele und die aller Beteiligten in Ihrem Managementkonzept zu überprüfen. Kollegiale Führungskräfte, Kund*innen, Investor*innen und Lieferunternehmen teilen nicht unbedingt die gleichen Ziele. Jede*r nimmt ein Scheitern sowohl vor dem Hintergrund seines/ihres eigenen Interesses als auch vor dem der Gruppe wahr. Es ist daher notwendig, die gesetzten Ziele und die Motivationen jedes/jeder Einzelnen zu verstehen und sich darüber zu verständigen.

Der Auftrag des Projekts und die Vision dahinter sollte allen verständlich vermittelt werden, damit die Maßnahmen in eine gemeinsame Richtung gelenkt werden. Rechtfertigt der Zweck die Mittel? Erfolg kann einen bitteren Beigeschmack haben, wenn die Standards nicht mit den Motivationen, Werten und der Philosophie der Beteiligten übereinstimmen.

Fazit

Zusammenfassend lässt sich sagen, dass Scheitern zunehmend als eine Gegebenheit wahrgenommen wird, die zur Verbesserung beiträgt, sofern wir wissen wie man aufsteht, die Situation analysiert und die notwendigen Maßnahmen ergreift, um daraus Nutzen zu ziehen.

Wagen Sie es! Fallen Sie hin, dann stehen Sie auf. Und machen Sie weiter.

ECCO

My-mindguide.com

Kapitel 5

Nur Bis Zum Eigenen Tellerrand Schauen

Die beschleunigte Überalterung der Bevölkerung, die Wirtschaftskrise, der globale Wettbewerb und weltweite Probleme schaffen ein Umfeld, das mehr Führungskräften Mut und kritische Führungsqualitäten abverlangt.

Ich spreche nicht von dem Mut, den Held*innen brauchen, um Abenteuer zu bestehen. Ich spreche von dem Mut, den jede*r von uns innehat - über den Tellerrand zu schauen, mehr Innovationen zu wagen, mehr Risiken einzugehen, aus der eigenen Komfortzone herauszutreten und manchmal schwierige Entscheidungen zu treffen.

Tellerränder und Entscheidungen rund um Innovationen

Wie wir alle wissen, werden Innovation und die Schaffung von etwas Neuem in der Regel zu Recht als großes, aber auch sehr riskantes Unterfangen angesehen. Daher stehen Verantwortliche für Innovationen unter ständigem Druck. Wenn das Thema zur Sprache kommt, konzentrieren wir uns oft auf die operativen Gesichtspunkte, wie Prozesse, bewährte

Verfahren und Werkzeuge. Dies sind zweifellos wichtige Themen, aber sie im Vergleich zur Entscheidungsfindung sind sie zweitrangig.

Wenn die Entscheidungsfindung für Innovationen in einem Unternehmen unzureichend ist, kann keine noch so gute Idee einen wirklichen Unterschied machen. Und leider ist dies ein Bereich, in dem viele, wenn nicht sogar die meisten Führungskräfte Schwierigkeiten haben.

Warum ist es so schwer, kluge Entscheidungen im Bereich *Innovationen* zu treffen?

Betrachten wir zunächst die Hauptmerkmale von Innovation.

Definitionsgemäß geht es darum, etwas Neues zu wagen, das noch nie zuvor jemand gewagt hat. Klingt schwierig, oder? Folglich ist fast alles, was neu oder anders ist, mit Unsicherheiten und Fragezeichen behaftet. In vielen Fällen geht es darum, Probleme in einem komplexen Umfeld zu lösen, was bedeutet, dass verschiedene Dinge miteinander verwoben sind und es daher schwierig ist, vorherzusagen, was passieren wird.

Es gibt keine zuverlässigen Benchmarks oder Marktstudien, keine historischen Daten, die zur Hilfe gezogen werden können, und da alles neu ist, sind die Erkenntnisse, die Sie aus Kund*innenbefragungen gewinnen können, wahrscheinlich auch nicht ausreichend.

Da Ihr Team so etwas noch nie gemacht hat, können Sie auch keinen besonders realistischen Projektplan für die Umsetzung erstellen. Wenn Sie alles zusammennehmen, haben Sie ein schwieriges Umfeld zu managen, und in den meisten Fällen werden Sie nicht über die Daten verfügen, die

Sie für evidenzbasierte Entscheidungen oder realistische Pläne benötigen.

Die Verlockung des Neuen

Vergleichen Sie die Entscheidungsfindung bei Innovationen mit der „normalen" Entscheidungsfindung. In jedem Unternehmen sind die meisten Führungskräfte an ihren Platz gelangt, weil sie in der Vergangenheit in ihrer Arbeit erfolgreich waren. Und da sie in Führungspositionen aufgestiegen sind, tragen sie große Verantwortung für das Unternehmen und haben auf persönlicher Ebene viel zu verlieren.

Das bedeutet, dass sie fundierte, evidenzbasierte Entscheidungen mit dem geringstmöglichen Risiko und dem höchstmöglichen Ertrag treffen wollen. Sie wollen im Vorfeld einen gut durchdachten und strukturierten Plan ausarbeiten, die entsprechenden Mittel zuweisen und die Fortschritte anhand des Zeitplans genau überwachen, während sie den Prozess laufend verbessern. Und das aus gutem Grund: Es wäre leichtsinnig oder schlichtweg dumm, dies nicht zu tun.

Das Problem ist jedoch, dass sie, weil sie auf sich allein gestellt sind, daran gewöhnt sind, über eine Vielzahl von Daten zu verfügen, von denen die meisten recht zuverlässig sind. Manchmal gibt es auch eine Vorgeschichte darüber, wie Mitarbeiter*innen bei Aufträgen abgeschnitten haben. Dies ermöglicht es, Pläne zu erstellen, die weit in die Zukunft reichen.

Geht es darum, eine neue Idee zu etablieren, fallen all diese Hilfsmittel weg.

Innovation findet in einem weitläufigen Gefüge statt. Um gut darin zu sein, müssen Innovator*innen die entscheidenden

Unterschiede zwischen der neuen Idee und der alten verstehen und ihr Denken danach ausrichten. Das ist leichter gesagt als getan, wenn man jahrelang, ja sogar jahrzehntelang erfolgreich andersherum gearbeitet hat.

Die Kunst, die richtigen Dinge zu entscheiden

Wie wir gerade festgestellt haben, müssen Innovationsführer*innen in einem Umfeld mit vielen Risiken schnell viele Entscheidungen treffen. Während es also wichtig ist, entscheidungsfreudig zu sein, bedeutet Ungewissheit auch, dass Sie einige Fragen offenlassen müssen.

Die besten Innovator*innen berücksichtigen nicht nur Fragen und Ergebnisse, die ihnen vorgelegt werden.

Um zu erklären, was das bedeutet, verwenden wir ein etwas zu stark vereinfachtes Beispiel, das nichts mit Innovation an sich zu tun hat, aber mit dem wir alle etwas anfangen können:

Sie haben sicher schon einmal gehört, dass man entweder hart arbeiten oder clever arbeiten kann und dass man sich für eines von beidem entscheiden muss.

Diese Frage ist eine Falle, denn niemand will „dumm arbeiten“, also können Sie von den angebotenen Möglichkeiten nur „clever arbeiten“ wählen. Aber das ist die falsche Antwort.

Indem Sie sich einfach für das eine oder das andere entscheiden, erzielen Sie niemals großartige Ergebnisse. Dafür müssen Sie natürlich sowohl hart als auch clever arbeiten.

Die eigentliche Frage lautet also: Wie können Sie das System so umstellen, dass Sie nicht zwischen dem einen oder dem anderen wählen müssen?

Als Führungskraft müssen Sie die belanglosen Entscheidungen ausblenden, die Menschen oft als Ausrede benutzen, um den Weg des geringsten Widerstands zu wählen. Versuchen Sie, tiefer zu graben und Antworten auf die Fragen zu finden, die wichtig sind.

Echte Führungskräfte gehen Wege, um das System zu verändern und Ergebnisse zu erzielen.

Die Welt ist voll von Situationen wie dieser, in denen Sie zwischen nicht ganz so idealen Alternativen wählen müssen. In manchen Fällen können Sie sich für das eine oder das andere entscheiden, aber bei den Fragen und Problemen, auf die es ankommt, können Sie sich nicht mit mittelmäßigen Wahlmöglichkeiten und Ergebnissen zufrieden geben.

Beispiele für irreführende Wahlmöglichkeiten in der Praxis

Es gibt unzählige Beispiele für dieses Phänomen in den Bereichen *Führung* und *Innovation*. Hier sind einige gängige:

- Wollen Sie, dass es richtig gemacht wird (zuverlässig, sicher ...) oder wollen Sie, dass es schnell geht?
- Wollen Sie schrittweise Innovation oder bahnbrechende Innovation?
- Wollen Sie mit gutem Beispiel vorangehen oder Ihr Team befähigen?

Die Antwort auf diese Fragen ist nie das eine oder das andere, sondern immer beides. Das genaue Gleichgewicht zwischen den beiden Extremen wird in jeder Situation anders sein, aber die Ergebnisse werden nicht befriedigend ausfallen, wenn Sie sich nur für das eine oder das andere entscheiden.

Über den Tellerrand hinausblicken

All dies kann es fast unmöglich erscheinen lassen, intelligente Entscheidungen über Innovationen zu treffen. Zum Glück ist das nicht der Fall, vorausgesetzt, Sie beherzigen ein paar Grundlagen. Solange Sie diese berücksichtigen, treffen Sie höchstwahrscheinlich die richtigen Entscheidungen. Dies ist natürlich keine Garantie für den Erfolg von Innovationen, aber es trägt wesentlich dazu bei, Ihre Erfolgschancen zu verbessern.

1. Nehmen Sie hin, dass Ihre Strategie und Ihre Businesspläne immer falsch sind.

Ein gängiges Sprichwort aus der Geschäftswelt bringt es auf den Punkt: *„Kein Businessplan überlebt den ersten Kontakt mit einem Kunden."*

Es ist wichtig zu verstehen, dass Sie, wenn Sie innovativ sind, ständig Grenzen verschieben und das Unbekannte erforschen. Es ist immer hilfreich, Pläne zu haben, jedoch müssen Sie damit rechnen, dass diese Pläne viele Fehler enthalten werden. Es hat also keinen Sinn, viel Zeit darauf zu verwenden, sie zu perfektionieren. Konzentrieren Sie sich stattdessen darauf, die Schwachstellen so schnell wie möglich zu finden. Und das geht nur, wenn Sie den Plan in die Praxis umsetzen und ihn entsprechend schnell anpassen. Dieser grundlegende Eckpfeiler führt zu unseren folgenden weiteren Vorgehensmaßnahmen: *Ausprobieren, Lernen, Anpassen, Vorankommen.*

2. Probieren Sie Ihren Plan schnell aus – und beginnen Sie mit den risikoreichsten Teilen.

Sobald Sie eingesehen haben, dass Ihr Plan falsch ist, besteht die eigentliche Arbeit nicht mehr darin, sicherzustellen, dass das Programm buchstabengetreu befolgt wird. Es geht darum, den ursprünglichen Plan zu testen, mit dem Ziel herauszufinden, welche Teile funktionieren und - was noch wichtiger ist - welche nicht funktionieren.

Kommen wir auf das zurück, was diejenigen von uns, die einen Universitätskurs belegt haben, gelernt haben: die wissenschaftliche Methode. Die Idee ist, mit einer Theorie oder Hypothese zu beginnen, dann Feldtests durchzuführen und die Ergebnisse zu analysieren, um zu prüfen, ob die Hypothese richtig ist. Auf diese Weise betreiben Sie Spitzenforschung und auf diese Weise entwickeln Sie auch Innovationen, schlicht und einfach.

Denken Sie also als Führungskraft oder Entscheidungsträger*in daran, dass Ihre Strategie, Ihr Businessplan und Ihre Marktforschung nur Hypothesen sind, die darauf warten, auf die Probe gestellt zu werden. Der Unterschied zwischen denjenigen, die scheitern, und denjenigen, die Erfolg haben, liegt in der Fähigkeit, sich an alles, was man herausfindet, anzupassen.

Der Schlüssel dazu mag für viele von uns widersinnig erscheinen: Wir müssen mit der riskantesten Annahme beginnen. Bei den meisten geschäftlichen Unternehmungen ist es sinnvoll, zuerst schnelle Ergebnisse zu erzielen, um die Sache voranzubringen und Unterstützung zu gewinnen, aber bei Strategie und Innovation ist das meist problematisch. In vielen Fällen führt dies zu einem falschen Gefühl des Erfolgs, weil Sie sich kleine Ziele setzen, obwohl immer ein größeres Ziel in Sicht ist.

Das Ergebnis: Sie arbeiten viel und geben viel Geld aus, nur um dann festzustellen, dass der ursprüngliche Plan ohne erhebliche Änderungen nicht funktionieren wird, wenn Sie auf eine Herausforderung stoßen. Zu diesem Zeitpunkt ist der größte Teil der harten Arbeit umsonst gewesen und Sie haben dabei auch noch viel Zeit verschwendet.

Wenn Sie hingegen mit dem risikoreichsten und entscheidendsten Teil beginnen, erwarten Sie anfangs wahrscheinlich Schwierigkeiten und Misserfolge. Dennoch werden Sie bald einen Punkt erreichen, an dem Sie das Problem gut genug verstehen, um es auf die richtige Weise zu lösen.

Dadurch sparen Sie später Zeit und Geld und minimieren das Risiko, dass das Projekt in einem sehr kostspieligen Desaster endet.

Für die meisten Unternehmen stehen die risikoreichsten Teile in der Regel im Zusammenhang mit der Kund*innennachfrage, aber es gibt auch Fälle, in denen es anders sein kann, beispielsweise bei der Technologie. Wenn Sie zum Beispiel ein hochwirksames und erschwingliches Heilmittel für alle Arten von Krebs entwickeln, ist der Rest unbedeutend. Es wird keinen Mangel an Nachfrage geben und es wird nicht schwierig sein, daraus ein großes Geschäft zu machen. In diesem Fall sollten Sie sich auf die Lösung der technischen Herausforderung konzentrieren und sich nicht zu viele Gedanken über Marketing und Vertriebskanäle machen. Andererseits ist es im 21. Jahrhundert ein Leichtes, die nächste Social-Media-Plattform zu gründen. Sie können dies als Einzelperson mit wenig bis gar keiner Erfahrung in der Programmierung und einem minimalen Budget tun. Die große Frage ist, ob jemand sie nutzen oder dafür bezahlen will. Es macht also keinen Sinn, jeden Aspekt der Plattform zu optimieren und sie für eine umfassende Markteinführung auf allen Vertriebsplattformen auf einmal vorzubereiten, wenn Sie keine zuverlässigen Beweise für die Nachfrage finden können.

3. Konzentrieren Sie sich auf Schnelligkeit – eine falsche Entscheidung heute ist besser als eine gute Entscheidung später.

In vielen großen Unternehmen geht die Entscheidungsfindung relativ langsam vonstatten. Es ist oft hilfreich, alle Teile des Unternehmens zu einer bevorstehenden Entscheidung zu befragen und sie im Voraus abzusegnen, um den Widerstand gegen Veränderungen zu verringern und zu vermeiden, dass Sie persönlich die Verantwortung für schlechte Entscheidungen übernehmen müssen. Da die meisten Entscheidungsträger*innen immerzu beschäftigt sind, kann es Wochen oder sogar Monate dauern, sie alle zu erreichen, auf den neuesten Stand zu bringen und ihnen genügend Informationen zur Verfügung zu stellen, damit sie einer Entscheidung zustimmen.

Wie wir bereits festgestellt haben, besteht natürlich ein Interesse daran, auf diese Weise vorzugehen, aber selbst mit all diesen Informationen werden die Entscheidungen oft falsch sein, wenn es um Innovationen geht. Innovationen sind fast immer umstritten und wenn ein Konsens erzielt werden muss, ist die Wahrscheinlichkeit groß, dass Sie am Ende eine schlechtere, verwässerte Version der ursprünglichen Idee erhalten. Hinzu kommt, dass viele, wenn nicht sogar die meisten anfänglichen Entscheidungen aufgrund der großen Ungewissheit ohnehin nicht optimal sein werden.

Wenn Sie schnell und entschlossen handeln, können Sie in der Regel eine Entscheidung treffen, diese umsetzen und herausfinden, ob es die richtige war. Das alles in der Zeit, die andere Unternehmen benötigen, um die Entscheidung überhaupt in Betracht zu ziehen. Damit haben Sie einen

Wettbewerbsvorteil, der für ein langsameres Unternehmen kaum zu übertreffen ist.

Wenn es also um Innovation geht, sollten Sie immer dem Handeln den Vorrang geben. Warten Sie nicht auf weitere Informationen oder Ratschläge. Handeln Sie einfach und stellen Sie sicher, dass Sie sich in die richtige Richtung bewegen, auch wenn Sie einige Details im Laufe der Zeit noch klären müssen.

Fazit

Der Umgang mit Innovationen erfordert eine andere Denkweise, als die meisten von uns es gewohnt sind. Daher ist es für Unternehmen oft schwierig, intelligente Entscheidungen in Bezug auf Innovation zu treffen.

Dies ist einer der Hauptgründe, warum viele Menschen und Organisationen in Sachen Innovation scheitern. Denken Sie daran, dass eine schlechte Entscheidung heute immer besser ist als eine gute Entscheidung später – und konzentrieren Sie sich auf die Entscheidungen, auf die es ankommt, nicht auf die, die man Ihnen vorsetzt. Das ist es, was *„über den Tellerrand schauen“* wirklich bedeutet.

Wenn es Ihnen gelingt, Ihre Denkweise zu ändern und Ihre Entscheidungsfähigkeiten zu verbessern, um jederzeit auf Unsicherheit und Komplexität vorbereitet zu sein, werden Sie auch mit Innovationen Erfolg haben.

Kapitel 6

Führungskräfte Der Alten Schule

Stellen sie sich vor, Sie befinden sich gerade auf dem schmalen Grat zwischen dem Verbleib in Ihrem Unternehmen oder der Entlassung und haben noch eine Menge wichtiger Dinge zu erledigen. Plötzlich kommt die Führungskraft herein und sagt:

„Wir haben hier zwei Mitarbeiter, die Ihnen helfen können. Der eine ist schon seit Jahren bei uns und weiß über alles Bescheid. Der andere ist Anfänger; er lernt noch. Es wäre schön, wenn er eine wichtige Aufgabe übernehmen könnte, um Erfahrungen zu sammeln."

Welchen von beiden ziehen Sie vor?
So dynamisch wie Sie sind, wollen Sie alles schnell entscheiden. Deshalb wählen Sie den mit den meisten Erfahrungen und stellen kurz darauf fest, dass Sie die falsche Wahl getroffen haben. Studien zeigen, dass Erfahrung nicht so wichtig ist, wie alle denken. Sie kann sogar die Leistung beeinträchtigen, zumindest in ungewohnten Situationen. Verwaltung, Krankenpflege, Diplomatie, Volleyball oder die Präsidentschaft

eines Landes – das sind alles Jobs, bei denen unerwartete Dinge passieren können.

Eine weitere, zum Nachdenken anregende Studie zu diesem Thema, die von Neurowissenschaftlern an der Universität von Florida durchgeführt wurde, befasste sich mit dem Umgang von unerfahrenen und erfahrenen Krankenschwestern mit sterbenden Patient*innen. Für dieses Experiment wurde ein Roboter gebaut, der so programmiert war, dass er abwechselnd Symptome wie Herzrasen, verlangsamten Herzschlag und Herzflattern zeigte – und starb, wenn man das falsche Medikament zur falschen Zeit verabreichte. Ein schwieriger Fall. Alle beteiligten Krankenschwestern versagten und ließen den virtuellen Patienten sterben. Aber das war kein Wunder. Die Überraschung war folgende: Einige Neulinge schafften es, die Puppe länger am Leben zu erhalten als ihre erfahrenen Kolleginnen.

Und warum? Ganz einfach. Die Veteraninnen haben sich stark auf ihren Instinkt verlassen und grundlegende Informationen über Veränderungen im Zustand des Patienten außer Acht gelassen.

Erfahrung ist natürlich wichtig. Sie ist sogar unerlässlich, vor allem bei der Entscheidungsfindung. Es ist erwiesen, dass die Erfahrensten besser entscheiden, während Neulinge hervorragende Leistungen erbringen. Wir können ein klassisches Beispiel anführen: Die großen Schachspieler (internationale Meister des Bretts) können sich die Stellung von mehr oder weniger 25 Figuren einer Partie, die sie gerade gespielt haben, merken, während Anfänger*innen nur 4 im Kopf haben. Schwierig wird es, wenn etwas Unvorhergesehenes passiert: wenn Sie die Figuren zufällig auf dem Brett platzieren.

Dann sind die Meister fast genauso „verloren“ wie die Anfänger*innen, wenn es darum geht, sich an deren Position zu erinnern.

Der innere Kampf

Die Problematik der beruflichen Weiterentwicklung von Führungskräften ist heute akuter denn je: Um in einem instabilen, unzuverlässigen, komplexen und widersprüchlichen Geschäftsumfeld zu überleben, müssen Führungskräfte neue Fähigkeiten beherrschen und Organisationen müssen neues geistiges Know-how ansammeln. In Wirtschaftskreisen wächst die Einsicht, dass nicht nur Spitzenführungskräfte und ihre Mitarbeiter*innen in Sachen Management geschult werden müssen.

Mit der Entwicklung kollaborativer Plattformen zur Lösung von Problemen, bei denen Eigeninitiative gefördert wird, beginnt eine wachsende Zahl von Mitarbeiter*innen Verantwortung im Rahmen der Unternehmensstrategie und -kultur zu übernehmen. Sie müssen dazu über die erforderlichen Fach-, Team- und Kommunikationsfähigkeiten verfügen.

Die Weiterbildungsbranche befindet sich nicht in bester Verfassung. Immer mehr Akteur*innen auf diesem Markt bieten an, Führungskräften technische und soziale Fähigkeiten zu vermitteln. Dennoch sind die Unternehmen, die jedes Jahr mehrere Milliarden Dollar für die Ausbildung zukünftiger Führungskräfte ausgeben, mit den Ergebnissen nicht zufrieden. Mehrere groß angelegte Studien haben bestätigt, was wir bereits aus Gesprächen mit Kund*innen wussten: Mehr als die Hälfte aller Führungskräfte sind der Meinung, dass ihre Bemühungen um die Weiterentwicklung von talentierten Nachwuchskräften nicht zur Herausbildung von entscheidenden Fähigkeiten und Organisationskompetenzen führen.

Jahrelange Erfahrung und Beobachtung haben mich drei Hauptgründe für das Scheitern erkennen lassen:

1. **Unstimmigkeit in der Motivation:** Unternehmen investieren in die Ausbildung von Führungskräften, in der Annahme, dass sie davon langfristig profitieren. Jene, die an Programmen für ihre Entwicklung und ihr Karrierewachstum teilnehmen, verlassen oft das Unternehmen, das für ihre Ausbildung bezahlt hat.

2. **Ein Mangel an Kommunikationsfähigkeiten:** Dies gilt insbesondere für die zwischenmenschliche Kommunikation, die in flachen, fein vernetzten Unternehmensstrukturen von heute unerlässlich ist. Schulungsanbieter der alten Schule sind hervorragend darin, kognitive Fähigkeiten zu vermitteln und zu bewerten, aber es fehlt ihnen an Erfahrung in der Entwicklung von Kommunikations- und Teamworkfähigkeiten.

3. **Erlernte Fähigkeiten werden nicht richtig angewandt:** Nicht alle Führungskräfte wenden die Fähigkeiten an, die sie am Arbeitsplatz gelernt haben. Je länger das Erlernte nicht angewandt wird, desto größer ist die Gefahr, dass erworbenes Wissen wieder vergessen wird.

Probleme mit dem Management der alten Schule

Lernende Führungskräfte kritisieren oft, dass Programme der alten Schule sie nicht mehr auf die aktuellen und zukünftigen Herausforderungen vorbereiten können. Unternehmen brauchen Menschen mit Kommunikationsfähigkeiten und dem Talent, Teams, die eng zusammenarbeiten, positiv zu beeinflussen und vorausschauend zu führen. Gleichzeitig konzentrieren sich die meisten Ausbildungsprogramme auf technische Fähigkeiten wie Strategieentwicklung und Finanzanalyse und schenken den sozialen und zwischenmenschlichen Fähigkeiten nicht genügend Aufmerksamkeit. Es ist kein Wunder, dass es den Verantwortlichen für Weiterbildung schwerfällt, die Ausgaben für die Schulungen zu rechtfertigen.

Programme für Spitzenführungskräfte werden ihren direkten Aufgaben meist nicht gerecht. *Lebenslanges Lernen* wird in Unternehmen und Hochschulen seit Jahrzehnten diskutiert, aber selten umgesetzt. Gleichzeitig ist die Ausbildung der alten Schule zu episodenhaft, exklusiv und teuer. Es überrascht daher nicht, dass führende Business Schools wie *Rothman* und *Harvard* eine explosionsartige Zunahme der Nachfrage nach personalisierten Gruppenprogrammen verzeichnen, die auf die Bedürfnisse der Personalentwicklung in bestimmten Unternehmen ausgerichtet sind. Die bestehenden Lücken werden allmählich von Firmenuniversitäten und der persönlichen Lern-Cloud gefüllt, die ihre eigenen Online-Kurse entwickeln, die sowohl von alten Hasen als auch von Neulingen auf dem Markt für betriebswirtschaftliche Ausbildung genutzt werden.

Sich selbst im Weg stehen

Jedes Unternehmen fängt klein an und verständlicherweise ist zu Beginn noch nicht alles perfekt; das Unternehmen befindet sich noch im Aufbau. Neben diesem organisierten Chaos gibt es Haltungen, die Führungskräfte einnehmen müssen, und andere, die sie am Arbeitsplatz vermeiden sollten. Meine

Erfahrungen als Unternehmer und Mitarbeiter eines Startups haben mir geholfen, Problempunkte bei der Motivation von Mitarbeiter*innen zu erkennen.

Fehlende Visionen

Das Fehlen einer Vision zeigt, dass der Pilot nicht weiß, wohin das Flugzeug fliegt. Selbst wenn das Unternehmen nicht weiß, wie es Geld generieren soll, muss jede*r nachvollziehen können, warum er/sie jeden Morgen zur Arbeit kommt; er/sie muss wissen, wohin all diese Aufgaben ihn/sie führen.

Die ersten Mitarbeiter*innen haben vielleicht Verständnis für das Fehlen einer Vision, denn die Suche nach einem Geschäftsmodell kann zeitaufwändig und mühsam sein. Sobald die Vision aber formuliert ist, sollte sie ganz oben auf der To-Do-Liste der Führungskraft stehen. In der Tat müssen alle Mitarbeiter*innen auf das gleiche Ziel hinarbeiten. Das Unternehmen ist dafür verantwortlich, die Mission auszuarbeiten und den Mitarbeiter*innen nahzubringen.

Nicht zu wissen, wer Ihre Mitarbeiter*innen sind und von welchen Werten sie geprägt sind

Wenn Sie Ihre Mitarbeiter*innen und deren inneren Werte kennen können Sie gut einschätzen, wie diese sich in Konfliktsituationen verhalten werden.

Eine einfache Maßnahme, um Ihre Mitarbeiter*innen kennen zu lernen, besteht darin, mindestens einmal pro Woche mit ihnen zu essen und das Gespräch zu suchen. Aufrichtiges Interesse bekunden Sie, indem Sie Ihren Mitarbeiter*innen regelmäßig Fragen zu deren Leben, Berufswünschen und Werten stellen. Wenn Sie dies versäumen, schaffen Sie nach und nach eine Ansammlung von Individuen und letztlich kein Team, das gemeinsam wachsen kann.

Misstrauen und Respektlosigkeit

Wenn Sie Eigeninitiative nicht belohnen und davon ausgehen, dass Menschen immer schlechte Entscheidungen treffen, führt das in Ihren Teams allmählich zu Misstrauen und Desinteresse. *Nein* zu sagen oder jede Frage abzulehnen bewirkt, dass immer weniger Menschen Sie um Rat fragen werden. Dadurch entsteht eine Distanz zwischen Ihnen und den Mitarbeiter*innen, die an Sie und das Unternehmen glauben. Wenn Sie Ihren Mitarbeiter*innen während Besprechungen nicht zuhören oder Termine im letzten Moment ohne Vorwarnung, Grund und Nachbereitung absagen, signalisieren Sie Desinteresse und Abwertung. Dies ist eine der besten Methoden, um die Motivation innerhalb eines Unternehmens zu zerstören. Selbst die Verweigerung einer Gehaltserhöhung, die häufig als Höhepunkt all dieser „unsichtbaren" Aktionen wahrgenommen wird, vermag es nicht, den Teamgeist derart zu zerstören.

Mitarbeiter*innen nicht einbeziehen

Aus geschäftlicher Sicht kann es zu Misstrauen gegenüber der Führungsperson führen, wenn zu viele Informationen in den Händen einiger weniger Mitarbeiter*innen bleiben. Mitarbeiter*innen gehen zur Arbeit, weil sie einen Beitrag zu einer gemeinsamen Mission leisten, sich selbst verwirklichen und Eindruck hinterlassen wollen. Wenn Sie jemanden einstellen, sollten Sie ihn/sie von Anfang an als wertvoll und vertrauenswürdig ansehen, denn was hat er/sie sonst in Ihrem Unternehmen zu suchen?

Keine erreichbaren Ziele für Ihre Mitarbeiter*innen setzen
Sind Sie und Ihre Mitarbeiter*innen mit den SMART-Zielen vertraut?

- S-Spezifisch
- M-Messbar
- A-Akzeptabel
- R-Realistisch
- T-Terminiert

Ganz einfach, oder?
Sie sollten sich bei der Bearbeitung einer Aufgabe oder dem Erreichen eines Ziels an dieser Struktur orientieren. Führungskräfte ignorieren dieses einfache Schema oft.

Zweideutige Situationen auf sich beruhen lassen
In jedem Unternehmen gibt es das, was ich einen „*Augenblick der Strukturierung*" nenne, in dem der Betrieb schrittweise ausgebaut und hochskaliert werden muss. Dafür müssen die Grundlagen gefestigt sein. Zu diesem Zeitpunkt muss die Führungskraft Regeln und bewährte Verfahren einführen, um das Team mit den richtigen Mitteln in die richtige Richtung zu lenken.

Keine Werte oder Governance festlegen
Es gilt als normal, dass es in den ersten Monaten oder sogar Jahren des Unternehmens keine organisierte Führung gibt, weil die Führungskräfte die meisten Entscheidungen treffen. Oft werden geschäftliche Rituale von ihnen bestimmt.

Wenn Mitarbeiter*innen hinzukommen, können Governance und Rituale sich als ungeeignet erweisen, weil sie in einer anderen Ära erfunden wurden und nicht mehr zeitgemäß und auf alle Mitarbeiter*innen zugeschnitten sind. Es geht darum, eine Governance zu schaffen, die zu Ihrem Unternehmen passt, und nicht darum, auf die charismatischste Person zu hören oder auf denjenigen, der zuletzt das Wort ergriffen hat.

Schaffen Sie neben der Führung auch sinnvolle Gewohnheiten und Rituale, die alle miteinbeziehen. Schreiben Sie in der Anfangsphase die Werte Ihres Unternehmens auf und scheuen Sie sich nicht, diese mit Ihren Mitarbeiter*innen nach und nach immer wieder auf den neuesten Stand zu bringen.

Die falschen Leute befördern

Mitarbeiter*innen, die zu Beginn eines Projekts ins Team aufgenommen wurden, mussten für das Gelingen des Projektes etwas riskieren und aus ihrer Komfortzone heraustreten. Sie haben sich ihren Status nach und nach erarbeitet.

Auch Neulinge, die eingestellt werden, während das Projekt schon im Gange ist, müssen die Leiter Schritt für Schritt erklimmen. Sie als Führungsperson sollten nicht die Botschaft vermitteln, dass der Platz der „Ältesten" einer einfachen Verkettung von Umständen zu verdanken ist und dass Vertrauen schnell und ohne große Anstrengung erworben werden kann. Das würde langjährige Mitarbeiter*innen demotivieren und Zwietracht schaffen. Dadurch kann die Bereitschaft eines/einer Mitarbeiter*in, dem Unternehmen etwas zurückzugeben, zerstört werden. Es wird als ungerecht empfunden und die Neuankömmlinge werden eines Tages den Platz der alten Mitarbeiter*innen einnehmen und sich genauso ungerecht behandelt fühlen.

Kurzfristigen Gewinnen Vorrang vor der Langfristigkeit einräumen

Es stellt sich häufig heraus, dass Führungskräfte in der Frühphase eines Unternehmens verzweifelt versuchen, Einnahmen zu erzielen. Das ist kein falsches Vorgehen, denn das wichtigste Ziel ist immer, Menschen zu finden, die für Ihr Produkt bezahlen wollen. Aber wenn es Monate oder sogar Jahre her ist, dass Sie Ihr Geschäftsmodell gefunden haben, müssen Sie weiter denken als alle anderen, anstatt sich um sofortige Gewinne zu sorgen.

Wenn Sie sich ausschließlich um Ihre schnellen (kleineren) Gewinne kümmern, werden Sie die Aussicht auf einen größeren Umsatz in den nächsten 6 bis 12 Monaten zunichtemachen.

Nehmen wir an, Sie lassen zu, dass Ihre Mitarbeiter*innen kurzfristigen Entscheidungen den Vorrang vor langfristigen geben. In diesem Fall wird das Unternehmen keine neuen Ideen entwickeln und nicht in der Lage sein, an langfristigen Projekten zu arbeiten, was bedeutet, dass Ihre besten Mitarbeiter*innen kündigen würden.

Nicht aus Fehlern lernen

Fehler zu machen ist menschlich und niemand wird es Ihnen übelnehmen, vor allem nicht im Geschäftsleben. Aber wenn Sie dieselben Fehler immer wieder begehen, ist das für Ihre Mitarbeiter*innen ein Zeichen, dass sich nichts ändern wird und dass sie in diesem Unternehmen nicht weiterkommen werden.

Vertrauen oder Kontrolle?

Viele Führungskräfte ziehen Kontrolle vor, um Vertrauen nicht erkennen, bewerten und spüren zu müssen. Eine Führungskraft, die ihre Mitarbeiter*innen wie Kinder behandelt, sollte sich nicht wundern, wenn sie den Eindruck bekommt, einen Kindergarten zu leiten.

Im Kontext des Remotemanagements und des hybriden Managements, die erfordern, Vertrauen in das Zentrum der Zusammenarbeit zwischen Mitarbeiter*innen und ihren Führungskräften zu stellen, hat der berühmte Leitspruch *„Planen, Organisieren, Leiten und Kontrollieren“* immer noch seine Berechtigung.

Die Leistung eines Unternehmens hängt von dem Maß an Vertrauen ab, das zwischen den einzelnen Mitarbeiter*innen aufgebaut und aufrechterhalten wird, die entweder über den ganzen Planeten verstreut sind oder am gleichen Ort arbeiten. Um dies zu erreichen, ist es wichtig, in die Entwicklung menschlicher Fähigkeiten zu investieren und diese zu erhalten. Mithilfe von Reflexion können wir unseren Vertrauensquotienten ebenso ermitteln, wie wir unsere Finanzkennzahlen, Produktivitätsindizes und den Grad des Engagements unserer Mitarbeiter*innen berechnen.

Bestandteile des Vertrauensquotienten

Der Vertrauensquotient setzt sich aus folgenden Elementen zusammen:

Selbstvertrauen, Einfühlungsvermögen und *Wohlwollen* sowie *das Recht, im Zweifel Fehler zu machen.*

- **Das absolute Vertrauen eines jeden Mitglieds des betrieblichen Ökosystems**

  Vertrauen schafft Vertrauen. Daher ist es wichtig, dass die Einstellungskriterien und die Bewertungs- und

Entlohnungssysteme mit dem Ziel übereinstimmen, eine Kultur des Vertrauens aufzubauen und zu erhalten.

Um dies zu erreichen, muss neben der technischen Kompetenz und dem individuellen Vertrauen auch das Niveau des „echten" Vertrauens gemessen werden, welches von der persönlichen Entwicklung der Teammitglieder ausgeht.

- **Einfühlungsvermögen und Fürsorge in Beziehungen und Entscheidungsfindung**
  Eine auf Vertrauen basierende Organisationskultur erfordert, dass jede*r in seiner/ihrer Kommunikation und seinem/ihrem Umgang mit anderen Mitgefühl zeigt. Indem der/die Einzelne es schafft, sich in andere hineinzuversetzen, entwickelt er/sie bessere Verhaltensweisen als das Suchen nach einem Schuldigen oder die Ansicht, immer Recht zu haben. Ein Entscheidungssystem, das einfühlsames und fürsorgliches Verhalten in Beziehungen fördert und unterstützt, hilft dem betrieblichen Ökosystem, die notwendige emotionale Sicherheit aufzubauen, die es erfordert, um zusammenzuarbeiten und neue Ideen zu entwickeln.

- **Im Zweifel für den Angeklagten und das Recht, bei der Beurteilung des Anderen Fehler zu machen**
  Führungskräfte, die einen hohen Vertrauensquotienten aufrechterhalten wollen, müssen vermeiden, ihre Energie auf die 10 % der Mitarbeiter*innen zu konzentrieren, die sich nicht voll und ganz in die Unternehmenskultur und das gemeinsame Ziel einbringen.

  Stattdessen müssen sie ihre Aufmerksamkeit auf die 90 % richten, die sowohl als Einzelpersonen als auch in der Gemeinschaft erfolgreich sein wollen. Diese Mitarbeiter*innen sind fähig, sich in einem unbeständigen, unsicheren, vielschichtigen und mehrdeutigen Arbeitsumfeld weiterzuentwickeln. Sie sind bereit, Risiken einzugehen und Fehler zu machen, aus denen sie lernen können.

Der Schritt nach vorn

Im Zeitalter der digitalen Globalisierung beschleunigt sich der Wandel der Arbeit. Immer mehr Menschen entscheiden sich dafür, ihr*e eigene*r Chef*in zu sein, und eine wachsende Zahl von Unternehmen und Freiberufler*innen wickelt Geschäfte über Online-Plattformen ab. In einigen Bereichen der Geschäftswelt entstehen innovative Strategien, die darauf abzielen, allen Mitarbeiter*innen mehr Freiheit und Auswahl bezüglich des Unternehmens, in welchem sie arbeiten möchten, zu geben.

Ich habe festgestellt, dass Unternehmen, die neue Arbeitsmethoden einführen, viel zu gewinnen haben. Sie profitieren insbesondere von einer höheren Produktivität, Kosteneinsparungen, schnellerem Zugang zu neuen Märkten, erweitertem Kundenservice und einem größeren Reservoir an Talenten. Ebenfalls ist eine Fortführung von Aktivitäten gesichert, selbst im Falle von Unterbrechungen durch signifikante Ereignisse wie Wirbelstürme und Erdbeben.

Dieser Umbruch in der Arbeitswelt wird von bedeutenden Kräften unterstützt, wie dem rasanten Fortschritt in der Kommunikationstechnologie, der Globalisierung, dem demografischen Wandel und der dringenden Notwendigkeit, den Klimawandel aufzuhalten.

Die Kluft zwischen den Führungskräften, die Flexibilität anstreben und den Unternehmen, die sich von den alten Arbeitspraktiken des Industriezeitalters lösen wollen, wird immer größer. Alte Arbeitspraktiken sind durch feste Arbeitszeiten und -orte, und einen auf Kontrolle basierenden Führungsstil gekennzeichnet, und viele Arbeiter*innen fühlen sich in solchen Unternehmen nicht mehr wohl.

Auf Grundlage der Erfahrungen mehrerer Vorreiterunternehmen, die diesen Wandel vollzogen haben, haben wir fünf Prinzipien entwickelt, die Unternehmen, die sich an die neue Arbeitswelt anpassen, als Leitfaden dienen sollen. Sie sind unter dem Akronym „*TRUST*" zusammengefasst:

1. **Trauen Sie Ihren Mitarbeiter*innen.**
   Wenn Sie Ihren Mitarbeiter*innen größere Freiheiten einräumen, können diese das Beste aus sich herausholen. Das nötige Vertrauen dafür muss auf Gegenseitigkeit beruhen. Sowohl Führungskräfte als auch Mitarbeiter*innen müssen sich anpassen und bereit sein, Verantwortung für die Festlegung und Erreichung klarer Ziele zu übernehmen.

   Viele Führungskräfte müssen erst lernen, sich von dem bekannten Kontrollbedürfnis zu lösen. Führungskräfte können ihr Vertrauen unter Beweis stellen, indem sie ihre Teams ermutigen und auf individuelle Vorlieben und Bedürfnisse eingehen. Mitarbeiter*innen, die vor Ort arbeiten, haben in der Regel einen besseren Blick dafür, wie Verbesserungen erzielt werden können. Führungskräfte, die ihren Mitarbeiter*innen Freiheiten einräumen, tragen dazu bei, dass ihre Unternehmen produktiver sind.

2. **Resultate belohnen, nicht Stunden.**
   Das Arbeitsmodell der Zukunft konzentriert sich in erster Linie auf Ergebnisse. Nicht der Aufwand, der für eine Aufgabe betrieben wird, ist entscheidend, sondern das Ziel. Die Art und Weise, wie Ziele gesetzt werden und welche Ergebnisse erzielt werden sollen, ist von Sektor zu Sektor und von Aufgabe zu Aufgabe unterschiedlich.

   Für viele Wissensarbeiter ist es unerheblich, wo sie arbeiten. Ihnen stehen heutzutage immer mehr Möglichkeiten zur Verfügung, ihren Arbeitsplatz zu wählen. Viele arbeiten im Büro, viele von zu Hause aus, andere in Cafés, Bibliotheken und öffentlichen Verkehrsmitteln. Die Herausforderung besteht zunehmend darin, den richtigen Ort und die richtige Zeit für die anstehende Aufgabe zu finden, sei es ein Treffen mit Kund*innen, das Schreiben eines komplexen Berichts oder die Online-Zusammenarbeit mit einem internationalen Team.

   Führungskräfte müssen ihren Mitarbeiter*innen zeigen, dass Leistung mehr zählt als Arbeitszeit. Eine gute Möglichkeit, dies zu tun, besteht darin, sicherzustellen, dass individuelle Arbeitsmuster bei Beförderungen nicht berücksichtigt werden. Damit sendet die Führungskraft ein starkes Signal an die Mitarbeiter*innen des Unternehmens.

3. **Um den Businesscase geht es.**
   Jedes Mal, wenn wir ein Unternehmen vorfanden, das sich der Einführung neuer Arbeitspraktiken verschrieben hatte, wurde es von einem Geschäftsziel angetrieben. Jeder Betrieb muss einen Businessplan entwickeln, egal ob es darum geht, die

Produktivität zu steigern, den Verlust von Mitarbeiter*innen zu verhindern, sich schneller an neue Märkte anzupassen oder einen technologischen Vorsprung zu nutzen.

Der größte Fortschritt kann mit einer übergreifenden Strategie erzielt werden, die die Bereiche Personal, Finanzen, Immobilien, IT und Kommunikation umfasst. Es ist jedoch darauf zu achten, dass dies nicht als einfache Kostensenkungsmaßnahme betrachtet wird und die Mitarbeiter*innen einen Nutzen daraus ziehen können.

4. **Starten Sie an der Spitze.**
   Das künftige Arbeitsmodell beschreibt den Übergang von einer auf Kontrolle basierenden Führung zu einer vertrauensvollen Führung, die Menschen wie Erwachsene behandelt. Dieser Wandel ist ohne die Unterstützung der oberen Führungskraft nicht möglich. Sie muss erkennen, dass es von Bedeutung ist, ein Gleichgewicht zwischen Flexibilität und Stabilität herzustellen.

   Auch wenn viele Führungskräfte diesen Ansatz befürworten und vielleicht schon danach leben, ist ihnen meist nicht bewusst, wie wichtig es ist, darüber zu sprechen. Es ist die Kraft der Führung, die anderen ermöglicht zu wachsen.

5. **Totale Individualisierung.**
   Es gibt keine Patentlösung für die Zukunft. Erfolgreiche Führungskräfte verstehen die unterschiedlichen Motivationen und Vorlieben ihrer Teammitglieder und gehen auf die Bedürfnisse aller ein. Führungskräfte sollten ihre Erwartungen klar formulieren und sicherstellen, dass *„überall und jederzeit“*

nicht automatisch *„an jedem Ort und zu jeder Zeit"* bedeutet. Bei geografisch verstreuten Teams müssen Führungskräfte ihren Mitarbeiter*innen erlauben, in „virtuellen Kaffeepausen" zu kommunizieren. Dadurch investieren sie in die Entwicklung von persönlichen Beziehungen über das Telefon (oder Skype), wenn es nicht möglich ist, sich vor Ort zu treffen. Insgesamt geht es vorrangig darum, dass Führungskräfte lernen, Ziele zu setzen und Leistungen gerecht zu bewerten.

Fazit

Denken Sie daran, dass Ihre Mitarbeiter*innen Menschen sind, die Sie überzeugt haben, bei Ihnen zu arbeiten und an Ihre Visionen zu glauben. Auch wenn Sie Ihren Mitarbeiter*innen Vertrauen schenken, können diese von Zeit zu Zeit versagen, genau wie Sie und jeder andere Mensch. Sie sollten wissen, dass Ihre Angestellten alles in ihrer Macht Stehende ermöglichen, um wieder zu reüssieren. Vergessen Sie nie, dass diese Menschen sich entschieden haben, jeden Morgen aufzustehen, um Ihren Traum zu verfolgen und Ihr Geschäft auszubauen.

Ihre Mitarbeiter*innen sind der Schlüssel zu Ihrem Erfolg und sollten deshalb im Mittelpunkt des Unternehmens stehen.

ECCO

BEI UNS KOSTET VIELES NUR DIE HÄLFTE - AUCH WENN'S WEH TUT.
Wenn wir mit unseren „Schnäppchen-Preisen" ein Schnippchen schlagen, dann sollten Sie zuschlagen. Wir können es nämlich einfach nicht lassen: Wenn es irgendwie noch günstiger geht, machen wir's. Manchmal sogar bis zur Hälfte billiger. Für uns ist eben kein Opfer – und kein Ohr – zu groß für Sie!
ECCO
Wir hören auf Sie.

Kapitel 7

Schlechte Gewohnheiten Von Führungskräften

„Erfolg besteht darin, von Misserfolg zu Misserfolg zu gelangen, ohne die Begeisterung zu verlieren.“ – Winston Churchill

Schlechte Gewohnheiten können Sie in Ihrem Handlungsspielraum einschränken. Je unzureichender Ihre Fähigkeit ist, sich selbst und Ihr Verhalten bewusst wahrzunehmen und zu verstehen, desto schwerer wird es Ihnen fallen, sich persönlich zu entwickeln.

Gewohnheiten beeinflussen unser Handeln, auch wie wir uns gegenüber unseren Mitarbeiter*innen verhalten. Im Geschäftsleben ist niemand vor Fehlschlägen gefeit.

Die Führung eines Unternehmens und die Leitung eines Teams sind sehr heikle Aufgaben. Ihr Verhalten bildet den Grundstein für das Engagement Ihrer Mitarbeiter*innen.

Manchmal greifen Führungskräfte in das Arbeitsgeschehen ein und sind sich nicht bewusst, dass die Mitarbeiter*innen dadurch die Motivation zum Weitermachen verlieren. Aber wer, wenn nicht die Führungskraft, sollte den Prozess steuern und kontrollieren? Und warum sind die Mitarbeiter*innen verstimmt, wenn die Führungskraft lediglich ihre Pflichten erfüllt?

Mangelnde Kommunikation

Schlechte Kommunikationsfähigkeiten oder sogar das völlige Fehlen von Kommunikation innerhalb des Teams ist eine der Hauptursachen für Probleme in Unternehmen. Eine Abteilung, die nicht kommuniziert, verschließt sich und zieht sich in sich selbst zurück. Wenn sich die Atmosphäre am Arbeitsplatz ändert, hat dies negative Auswirkungen auf den Fortschritt und den Erfolg des Projekts.

Durch aktives Zuhören können Sie und Ihre Ideen Bereicherung erfahren. Es empfiehlt sich, in schwierigen Situationen Ihre Mitarbeiter*innen oder Partner*innen zu fragen, wie sie an Ihrer Stelle handeln würden. Manche Menschen außerhalb Ihres Unternehmens haben ebenfalls spannende Tätigkeiten und verfügen über wertvolle Erfahrungen. Sie können Ihnen direkt oder indirekt (z. B. über Kontakte) helfen. Auch wenn deren Bereich weit von Ihrem entfernt ist, gibt es immer gute Verfahrensweisen aus anderen Wirtschaftszweigen, die übertragen werden können.

Kontrollfreak und Richter

Beide Situationen können für Unternehmen eine echte Qual sein. Wenn Sie versuchen, alles zu kontrollieren, empfinden Ihre Mitarbeiter*innen dies möglicherweise als Druck und leisten weniger. Alles kontrollieren zu wollen ist vor allem Zeitverschwendung, während ein Minimum an Vertrauen zu einem echten Vorteil werden kann. Damit können Sie Ihre Zeit anderen Aufgaben widmen, seien es vorrangige Entwicklungen für Ihr Unternehmen oder eine kleine Auszeit, die Sie sich gönnen.

Umgekehrt schließt Vertrauen Kontrolle nicht aus. Ihre Aufgabe als Führungskraft ist es, dafür zu sorgen, dass in Ihrem Unternehmen alles reibungslos abläuft.

Als Führungskraft ist es nach wie vor gefährlich, sich dogmatisch zu zeigen, das heißt, eigene Ansichten als allgemeine Grundsätze zu formulieren. Vertreten Sie Ihre Meinung, aber tun Sie nicht so, als hätten Sie in allen Fällen recht – die Meinung Ihrer Mitarbeiter*innen zählt genauso wie Ihre.

Pessimismus

Nehmen Sie eine positive Haltung ein! Eine ständig pessimistische Führungskraft überträgt diese schlechte Stimmung auf ihre Teams. Damit schaden Sie nicht nur der Moral Ihrer Mitarbeiter*innen, sondern auch dem Image des Unternehmens, weil Sie zu wenig Begeisterung zeigen. Die meisten Führungskräfte müssen große Optimisten sein, die bereits einiges in ihrem Leben auf die Beine gestellt, volles Vertrauen in sich selbst haben und sich niemals von Negativität leiten lassen. Machen Sie sich klar, dass Trübsal blasen einer der erfolgreichsten Wege des Scheiterns ist.

Mangelnde Integrität und Sturheit

Vertrauen ist der Eckpfeiler der Teamarbeit und Teamarbeit ist der Kernpunkt der Leistungsfähigkeit eines Unternehmens. Man vertraut Ihnen, wenn Sie genau das tun, was Sie sagen. Wenn Sie nicht die Wahrheit sagen, fehlt es Ihnen an Ehrlichkeit, auch dann, wenn Sie überzogene Versprechungen machen, die Sie nicht halten können. Die unrealistische Befürchtung dabei ist, dass Ihre Wahrheit nicht gut genug ist und dass andere sie ablehnen werden. Auch Integrität ist eine wesentliche Eigenschaft einer starken Führungspersönlichkeit. Aber verwechseln Sie sie nicht mit Sturheit. Eine starrköpfige Führungskraft lässt anderen keine Wahl: Entweder es läuft so, wie sie es will, oder gar nicht.

Mobbing

Leute, die Mobbing betreiben, wurde beigebracht, dass es im menschlichen Umgang darum geht, zu dominieren und alles zu gewinnen. Sie haben Angst, auf der Verliererseite zu stehen.

Wenn man bedenkt, dass die Grundvoraussetzung für eine erfolgreiche Führung darin besteht, dass sich die Angestellten wohlfühlen, wird sich Einschüchterung nicht zu Ihren Gunsten auswirken. Man kann erkennen, ob ein Hooligan eine Gruppe anführt, wenn die örtliche Anweisung lautet, dass so lange „Prügel" bezogen werden, bis sich die Moral verbessert.

Die Befürchtung ist, dass Sie selbst als Führungskraft nicht selbstbewusst genug sind, um an einer gleichberechtigten, für beide Seiten vorteilhaften Beziehung teilzunehmen. Sie sind gezwungen, andere Menschen mit ihrer Macht zu erdrücken, um ihre Angst zu verbergen.

Impulsivität

Den ganzen Tag über verspüren wir emotionale Impulse. Kluge und reife Menschen analysieren diese Triebe, bevor sie ihnen nachgeben. Eine erfolgreiche Führungskraft sagte einst: *„Ihr Mitarbeiter ist Ihnen egal, wenn Sie nicht einmal daran denken, ihn mit bloßen Händen zu erwürgen."* Solche Impulse entstehen und sind ganz normal. Wichtig ist (für Sie selbst und den/die arme*n Mitarbeiter*in), dass sie diesem vorübergehenden Impuls nicht nachgeben.

Reife und Weisheit sind das Ergebnis einer ausgezeichneten Verarbeitung Ihrer Gedanken und Gefühle im Laufe der Zeit (*„Was passiert, wenn ich das tue? Wie wird sich das auf die Menschen auswirken, die mir wichtig sind?"*).

Manager*innen eignen sich im Laufe ihrer Karriere Angewohnheiten an. Darunter fällt zum Beispiel, Entscheidungen im Eiltempo zu treffen oder ohne Grund übermäßig hart zu arbeiten. Diese Führungskräfte stellen keine Überlegungen an, bevor sie auf alle Ideen reagieren, die ihnen in den Sinn kommen. Zwischen der Idee und deren Ausführung liegen Aufgaben wie Planung und Organisation, dazu gehören auch die Risikoanalyse und das Risikomanagement.

Natürlich versteht die Führungskraft nach ein paar Tagen oder sogar Stunden, dass sie überstürzt gehandelt hat. Dann wurde die Aufgaben jeodch bereits zugewiesen und die Mitarbeiter*innen haben begonnen, daran zu arbeiten. Wenn die Führungskraft das Vorhaben jetzt abbläst, wie stehen die Mitarbeiter*innen dann da? Die Motivation ist dahin. Die Mitarbeiter*innen sind frustriert. Besonders, wenn sie viel Vorbereitungsarbeit geleistet und andere wichtige Aufgaben zugunsten dieses Ziels zurückgestellt haben.

Manchmal muss jedoch eine Entscheidung schnell getroffen werden. Das ist die Realität im Geschäftsleben – die Gewohnheit, Entscheidungen nicht zu durchdenken, bevor man sie trifft.

Gerade liberal denkende Führungskräfte sind in dieser Hinsicht unglaublich anfällig. Sie bauen zuerst den menschlichen Kontakt zu den Mitarbeiter*innen auf und danach das Geschäft. Sie glauben, dass sie ihre Meinung nicht zu ändern brauchen. Sie sind sich einfach sicher, dass der/die Mitarbeiter*in *„alles verstehen wird"*. Der/die Mitarbeiter*in ist schließlich ein *„guter Mensch"*. Was gibt es da zu diskutieren?

Die Führungskraft erwartet von ihren Mitarbeiter*innen, dass sie alle Entscheidungen verstehen und hinnehmen → Eine schlechte Angewohnheit der Führungskraft führt zu einer weiteren schlechten Angewohnheit des/der Mitarbeiter*in – nichts zu tun, bis er/sie hundertmal daran erinnert wird. Mitarbeiter*innen können dann keine Aufgaben mehr angehen, ohne wiederholt einen Tritt zu bekommen. Sie warten ab. Wird die Führungskraft plötzlich wie damals den Auftrag stornieren und wir müssen gar nichts mehr tun?

Damit bringen Sie den Mitarbeiter*innen bei, Ihre Anweisungen zu missachten und nicht zu tun, was Sie anordnen. So wird die Führungsdisziplin im Unternehmen zerstört.

Geschwätzigkeit

Eine weitere schlechte Angewohnheit besteht darin, dass die Führungskraft die Mitarbeiter*innen nach der Erteilung eines Auftrags nicht sofort von sich aus entlässt, sondern die Sache „zerredet". Sie teilt eine unglaubliche Menge an Details, Einschätzungen und widersprüchlichen Meinungen mit und würzt ihre Ausführungen mit einer Geschichte aus dem Leben. Die Führungskraft redet über ihre Erfahrungen und schweift zu anderen Themen ab. Manche Führungskräfte geben mehrzeilige Kommentare zu einer Aufgabe in ein Computerprogramm ein und erstellen unglaublich detaillierte

Checklisten in automatischen Kontrollsystemen. Das Ergebnis ist, dass der/die Mitarbeiter*in das Hauptziel der Aufgabe nicht mehr bestimmen kann und die Aufmerksamkeit schweift ab.

Gefangen in der Effizienz-Schleife

Manche Führungskräfte haben die Angewohnheit, die Schuld bei den Mitarbeiter*innen zu suchen und die Verantwortung von sich selbst auf eben jene zu übertragen, wenn die Dinge nicht wie geplant laufen. Mitarbeiter*innen für Misserfolge verantwortlich zu machen, schadet dem Ruf des/der Vorgesetzten und wirkt sich negativ auf den Teamgeist aus.

Wenn die Gewohnheit, den Mitarbeiter*innen die Schuld zu geben, nicht ausgemerzt wird, werden Sie mit der Zeit zu einer Person, die tausend äußerliche Gründe für ihre mangelnde Leistungsfähigkeit findet.

Personal ist eine sehr begrenzte Ressource. Maschinen zum Beispiel stehen der Führungskraft im Gegensatz zu einer Personalressource vollständig und jederzeit zur Verfügung. Ein Mensch ist jedoch keine Maschine, sondern ein emotionales Wesen und eine Führungskraft erzielt gute Ergebnisse in der Arbeit mit Menschen nur durch Einflussnahme auf deren Denken und Emotionen. In einigen Geschäftsprozessen sind automatische Abläufe vernünftig. Sie sparen Zeit und ersetzen die Notwendigkeit, dass Mitarbeiter*innen über Details nachdenken.

Stellen Sie sich vor: Warum sollten Sie Eiscreme in Schachteln auf das Fließband legen und dabei gründlich darüber nachdenken, was Sie tun? Die Maschine hat an alles gedacht. Die Arbeit erfordert mechanische Bewegungen, die Menschen nicht so schnell und fehlerfrei ausführen können wie Roboter.

In der Büroarbeit wird jedoch kreatives und abwägendes Denken gefordert. Die Führungskraft kann sich glücklich schätzen, wenn sie ihre Mitarbeiter*innen dazu inspiriert, das Problem ernsthaft zu lösen. Sie erledigen die Arbeit nicht mechanisch oder formell, sondern werden häufig durch Telefonanrufe oder Kommunikation mit Kolleg*innen abgelenkt.

Ich benutze einen Computer, um die beruflichen Fähigkeiten der Mitarbeiter*innen zu überprüfen. Dadurch erkenne ich zum Beispiel, wenn eine Person nicht voll in die Arbeit eingebunden ist und sich nur gelegentlich an den Arbeitsablauf hält.

Die Führungskraft sorgt dafür, dass Mitarbeiter*innen sich einbringen, aufmerksam und konzentriert sind und verantwortungsbewusst handeln.

Unsere Aufgabe als Führungspersonen ist es, die Mitarbeiter*innen, wenn nötig, in den Prozess einzubinden. Menschen sind nicht faul; der Hintergedanke ist in diesem Fall eher: „*Warum sollte ich mich mit der Aufgabe herumstressen, wenn im Falle eines Misserfolgs sowieso alle die Schuld auf mich schieben*"?

Die Mitarbeiter*innen sehen, dass die Führungskraft nicht über ihre eigenen Fehler nachdenkt, sondern die Schuld im Außen sucht. Die Folgen: Die Führungskraft ist unzufrieden mit der Arbeit, die die Mitarbeiter*innen leisten und teilt ihnen das mit. Für die Mitarbeiter*innen bedeutet dies noch mehr Demotivation, noch strengeres, formelleres Vorgehen bei der Erfüllung der Aufgaben. „*Wenn es nur keine Beschwerden mehr gibt*", denkt der/die Arbeitnehmer*in und handelt nur noch nach Vorgaben. Er/sie wird zu einer Maschine.

In einem solchen Fall können Sie die gesetzten Standards für Leistung, Qualität und Fleiß nicht mehr einhalten.

Die Gewohnheit, den Mitarbeiter*innen die Schuld für Misserfolge zu geben, bildet ein vertrautes Muster: Die Mitarbeiter*innen gewöhnen sich daran, dass sie *„immer schuld"* sind, egal wie sehr sie sich bemühen.

„NEIN"-Kultur

Sie sagen erst einmal „Nein" und beginnen erst danach, das Anliegen oder den Vorschlag Ihrer Mitarbeiter*innen zu überdenken. Kommt Ihnen das bekannt vor?

Ein solches Verhalten verhindert Win-Win-Situationen und sorgt für Konfrontationen. Indem Sie eine grundsätzlich ablehnende Haltung annehmen, provozieren Sie Mitarbeiter*innen in die Verteidigung zu gehen: zu beharren, sich zu rechtfertigen, Vorwürfe zu machen. Das ist dem gegenseitigen Verständnis, dem Vertrauen und der Zusammenarbeit nicht förderlich.

Aufschieberitis

Wenn Sie Dinge immer wieder auf später verschieben, beginnen sie zu wachsen wie ein Schneeball. Mit Problemen kommen Kontrollen, Geldstrafen und andere unangenehme Ereignisse.

Ihre Konkurrent*innen könnten sich als die ersten erweisen, die Ihnen die ganze Sahne vom Kuchen nehmen und je länger Sie die Umsetzung einer Idee hinauszögern, desto unwahrscheinlicher ist es, dass diese je zum Leben erweckt wird. Es ist besser, die Idee zu verwirklichen und es anschließend zu bereuen, als sie nicht zu verwirklichen und sich immer wieder zu fragen *„Was wäre wenn…?"* Oder schlimmer: Sie sehen mit an, wie die Konkurrenz dieselbe Idee erfolgreich verwirklicht.

Aufschieben ist eines der klassischen Laster von Führungskräften in der Wirtschaft. Um zu vermeiden, dass Sie Aufgaben, die Sie nicht in aller Eile erledigt haben, auf die lange Bank schieben und damit riskieren, sie zu vergessen, stehen Ihnen zwei Sofortlösungen zur Verfügung. Erstens: Setzen Sie sie ganz oben auf Ihre Aufgabenliste und erledigen Sie sie zuerst. Zweitens: Delegieren Sie. Nichts könnte einfacher sein: Schreiben Sie eine Liste der Aufgaben, die Sie am meisten hassen, und übertragen Sie sie auf eine*n Mitarbeiter*in, der/die diese Art von Aufgaben mag. Wenn Sie nicht über genügend interne Ressourcen verfügen, engagieren Sie einen Dienstleister, der die Aufgaben übernehmen kann. So können Sie sich besser auf Ihr Kerngeschäft und Ihre eigenen Talente konzentrieren.

Vergleichen

Indem Sie sich und Ihre Erfolge ständig mit denen anderer Führungskräfte vergleichen, beginnen Sie sich selbst zu bewerten. Das führt zu Unsicherheiten und Selbstzweifeln in Bezug auf Ihre Arbeit oder sogar ihre ganze Person. Schluss damit! Die Schulzeit ist längst vorbei, es gibt keine Verlierer mehr, sitzenbleiben können Sie auch nicht. Es wird immer jemanden geben, der besser und erfolgreicher ist als Sie. Überdies werden derartige Gedanken Sie einige Schritte zurückwerfen. Bis vor Kurzem hielten Sie sich noch für intelligent und erfolgreich, für fähig, Ihr eigenes Unternehmen zu gründen und auszubauen. Jetzt stellt sich jedoch heraus, dass das Gras im Nachbarsgarten viel grüner ist, die Sonne dort viel öfter scheint und der Gartenzwerg weniger traurig guckt. Hören Sie auf damit! Eifersucht ist ein schlechter Berater. Sie mindert die Motivation, verursacht Neid und Missgunst und lässt den Cortisol-Spiegel steigen.

Geschlechtsspezifische Stereotypen

Gegen tief eingeprägte Vorurteile lässt sich nur schwer ankämpfen, besonders wenn es um Ungleichheiten zwischen Männern und Frauen geht. Eine Studie, die sich mit Geschlechterstereotypen in der Geschäftswelt befasst, bestätigt voreingenommene Beobachtungen erneut. Männer sind demnach besser im Handeln, Verhandeln und Führen, während Frauen einen Blick für das Detail haben, aufmerksamer zuhören und mehr Einfühlungsvermögen besitzen. Verantwortlich für diese Ergebnisse sind weniger die natürlichen Anlagen der Geschlechter, sondern eher die Einflüsse der Gesellschaft. Mädchen wurden schon immer dazu erzogen, Empathie zu entwickeln, um sich um den Nachwuchs zu kümmern und sich Männern grundsätzlich unterzuordnen. Heutzutage herrscht jedoch nicht mehr das klassische Bild einer Hausfrau und Mutter. Jungen Mädchen wird die Freiheit gelassen, sich ihre Interessen selbst auszusuchen und ihre eigenen Stärken zu erkennen. Dadurch gewinnen Frauen zunehmend an Autonomie und können sich mittlerweile auch in der Geschäftswelt gegen männliche Konkurrenten behaupten.

Toxische Einflüsse auf die Unternehmenskultur

Negativität kann die Kultur einer Organisation verändern. Es hat sich gezeigt, dass Unternehmen, deren Kultur im Einklang mit der individuellen Vision steht, erfolgreicher sind. Doch wenige können sich daran halten. Nur ein winziger Prozentsatz der Angestellten glaubt, dass ihr Unternehmen die von ihnen gewünschte Kultur tatsächlich pflegt. Andere gehen davon aus, dass es ihrem Unternehmen an einer ausgeprägten Arbeitskultur mangelt. Woran könnte das liegen? Es lohnt sich, die Kultur in Ihrem Unternehmen zu überprüfen.

Schlechte Kommunikation

Unternehmen müssen sicherstellen, dass Führungskräfte Werte, Visionen, Standards, Ziele und wichtige Veränderungen wirkungsvoll und regelmäßig weitergeben. Dies ermöglicht es den Mitarbeiter*innen, ein umfassendes Verständnis der ablaufenden Prozesse zu erlangen. Wenn die Kommunikation von unten nach oben nicht flüssig läuft, fühlen sich die Angestellten nicht gehört oder sind zu eingeschüchtert, um ihre Meinung preiszugeben.

Mitarbeiter*innen werden zwar niemals begeistert sein, wenn Stellen gestrichen werden, aber sofern man sich die Zeit nimmt, die Gründe für den Stellenabbau zu erläutern, kann gegenseitiges Verständnis entstehen.

Toxische Angestellte

Zu viel Wettbewerb und ein miserables Arbeitsumfeld führen zu weniger Wissenstransfer, mehr Firmenpolitik und der Verbreitung von schädlichen Verhaltensweisen.

Arbeitnehmer*innen, die einem toxischen Arbeitsumfeld oder missgünstigen Kolleg*innen ausgesetzt sind, leiden oftmals darunter und beginnen sich anderen gegenüber ebenfalls schädlich zu verhalten. Mit größerer Wahrscheinlichkeit werden sie aufgrund ihres Fehlverhaltens entlassen, was Misstrauen und Negativität innerhalb des Unternehmens bewirkt. Dies wird noch verstärkt, wenn die betreffende Person eine Autoritätsposition innehat. Es kommt zu einem Schneeballeffekt von Führungskräften auf Mitarbeiter*innen. Mit anderen Worten: Verabschieden Sie sich von „toxischen" Mitarbeiter*innen.

Widerstand gegen Veränderungen

Sätze wie *„Das machen wir immer so"*, *„das funktioniert hier nicht"* und *„das ist nicht mein Problem"* behindern den Fortschritt eines Projektes massiv. Eine Google-Untersuchung zum Thema *Zusammenarbeit* hat Folgendes ergeben: In 258 Firmen glaubten 73 Prozent der Mitarbeiter*innen, dass ihr Unternehmen erfolgreicher sein könnte.

Die wichtigste Verbesserungsmöglichkeit liegt in einer flexibleren Zusammenarbeit, welche nur bedingt umgesetzt werden konnte. Die größten Hindernisse für die Erschaffung einer Unternehmenskultur der Zusammenarbeit waren:

- Veränderte Arbeitsstile und -gewohnheiten
- Fehlende Anreize zur Zusammenarbeit
- Mangelnde Führung

Hyperwettbewerb

Natürlich ist es in Ordnung, wenn Mitarbeiter*innen das Gefühl haben, bestimmte Standards erfüllen zu müssen. In vielen Organisationen (besonders in Banken) beobachten wir jedoch, dass sich langsam eine Art Hyperwettbewerb entwickelt. Nur wenig beeinträchtigt die Unternehmenskultur so sehr wie ein ungesunder Wettbewerb. Wettbewerb kann zu einer Spaltung am Arbeitsplatz führen, was wiederum zu mehr Klatsch und Tratsch, Anfeindung und Ausgrenzung führt.

Mikro-Management

Wenn Menschen ständig unter Beobachtung stehen, kann eine äußerst angespannte Atmosphäre entstehen. Schließen Sie die Augen und stellen Sie sich vor, Sie bereiten eine Mahlzeit zu, während Ihnen zwei Personen über die Schulter schauen und eine dritte mit einem Feuerlöscher bereitsteht.

Mikro-Management wird im schlimmsten Fall zu Verzögerungen und unnötigem Druck auf die Mitarbeiter*innen führen. Wollen Sie das verhindern? Verzichten Sie darauf. Vertrauen Sie Ihrem Einstellungsverfahren und Ihren Mitarbeiter*innen. Es ist am einfachsten, eine herausragende Unternehmenskultur zu schaffen, wenn die Aufgaben überschaubar sind und der/die Einzelne zugleich selbstständig und in einem angenehmen Tempo arbeiten kann.

Schlechte Gepflogenheiten

Schlechte Gepflogenheiten beginnen oft an der Spitze des Unternehmens. Wenn die Führungskraft schlechte Angewohnheiten hat, wird sie diese leicht an die Mitarbeiter*innen weitergeben, sofern sie überzeugt ist, dass dies die richtige Art ist, Geschäfte zu machen. Wenn eine Führungskraft zum Beispiel immer zu spät kommt, lernen die Mitarbeiter*innen, dass dies in Ordnung ist. Letztendlich führt dies zu einer unglaublich schädlichen Unternehmenskultur.

Klatsch und Tratsch im Büro

Klatsch und Tratsch sind schädlich, ganz gleich, in welchem Umfeld man sich befindet. Hasserfüllte Gespräche wirken sich negativ auf die Atmosphäre im Büro aus, verändert die Unternehmenskultur und kann sogar Mobbing zur Normalität werden lassen.

Um dies zu verhindern, sprechen Sie am besten direkt mit denjenigen, die betroffen von Klatsch und Tratsch sind und mit denen, die ihn verbreiten. Danach ist es am besten, sich sofort an die gesamte Gruppe zu wenden, die von der Geschichte

Wind bekommen hat. Nebenbei bemerkt: Klatsch steht oft im Zusammenhang mit dem schlechten Verhalten von „toxischen" Mitarbeiter*innen, die zuvor bereits erwähnt wurden.

Fehlendes Einfühlungsvermögen

Wenn es um zwischenmenschliche Beziehungen geht, ist Empathie unerlässlich. Doch wenn Mitarbeiter*innen zu wenig Mitgefühl erfahren, werden sie sich bald nicht mehr in das Unternehmen eingebunden fühlen. Schließlich möchte sich jeder Mensch, auch die leitende Führungskraft, gehört und verstanden fühlen. Die Einbindung der Mitarbeiter*innen und eine einfühlsame Grundhaltung ihnen gegenüber sind Voraussetzungen für gute Beziehungen und eine tragfähige Arbeitskultur.

Notfallplan

Gute Führungskräfte verfügen über hervorragende organisatorische Fähigkeiten und besitzen fundierte Entscheidungskompetenzen.

Außergewöhnliche Führungskräfte schaffen all das und noch mehr. Sie kümmern sich um ihr Unternehmen, ihre Kund*innen, ihre Mitarbeiter*innen und Lieferunternehmen.

Am wichtigsten ist jedoch, dass sie sich außergewöhnlich gut um die Menschen kümmern, die für sie arbeiten. Und aus diesem Grund gewähren außergewöhnliche Führungskräfte jedem/jeder Mitarbeiter*in:

1. **Eigenständigkeit und Unabhängigkeit**
   Großartige Organisationen bauen auf der ständigen Weiterentwicklung von Prozessen und Abläufen auf. Dennoch gibt es für jede Aufgabe ein Best-Practice-Handbuch oder sie

wird auf Mikroebene verwaltet. Engagement und Zufriedenheit beruhen in erster Linie auf Autonomie und Unabhängigkeit. Darüber hinaus fördert Freiheit Innovationen; selbst stark prozessorientierte Positionen bieten Raum für andere Ansätze.

2. **Null Erwartungen**

   Jeder Job muss die grundlegenden Erwartungen erfüllen. Wenn Sie eine*n Mitarbeiter*in kritisieren, der/die einem/einer verärgerten Kund*in heute einen Rabatt gewährt hat, obwohl dies in der Vergangenheit so üblich war, wird Ihr*e Mitarbeiter*in seinen/ihren Job nicht mehr gern machen. Nur wenige Dinge sind belastender als festzustellen, dass sich die Spielregeln über Nacht geändert haben.

   Wenn eine hochrangige Führungskraft einen Standard oder eine Richtlinie ändert, muss sie die Änderung sofort allen mitteilen.

3. **Bedeutsame Ziele**

   Fast jeder Mensch ist wettbewerbsorientiert; oft sind es die besten Mitarbeiter*innen, insbesondere sich selbst gegenüber. Bedeutsame Ziele können ein Gefühl der Sinnhaftigkeit schaffen und wiederkehrende Aufgaben weniger eintönig gestalten. Außerdem sind Ziele unerlässlich. Ohne ein Ziel vor Augen wird die Arbeit zu einer bloßen Mühe. Bieten Sie Ihren Mitarbeiter*innen bedeutende Herausforderungen.

4. **Ein Gefühl der Sinnhaftigkeit**

   Jede*r hat gerne das Gefühl, Teil von etwas Größerem zu sein. Jede*r möchte den Teamgeist spüren, der Menschen zusammenschweißt. Die besten Aufgaben sind die, die einen spürbaren Einfluss auf das Leben der Kund*innen haben, für die Sie tätig sind. Lassen Sie Ihre Mitarbeiter*innen wissen, was Sie in Ihrem Unternehmen erreichen wollen.

5. **Die Möglichkeit, aussagekräftige Informationen zu liefern**
   Die betroffenen Mitarbeiter*innen haben Ideen. Wenn Sie ihnen die Möglichkeit nehmen, Vorschläge zu machen oder wenn Sie Ihre Ideen schnell abtun, führt das dazu, dass sie sofort vom Weg abkommen. Deshalb machen es außergewöhnliche Führungskräfte ihren Mitarbeiter*innen leicht, sich einzubringen. Sie fordern sie regelrecht dazu auf.

6. **Ein echtes Gefühl der Verbundenheit**
   Jede*r Mitarbeiter*in arbeitet für sein/ihr Gehalt, natürlich. Die meisten suchen an ihrem Arbeitsplatz jedoch nach mehr als nur Bezahlung: Sie wollen mit und für Menschen arbeiten, die sie achten und bewundern. Aus diesem Grund ist ein freundliches Wort, ein kurzes, beiläufiges Gespräch oder die Frage, ob ein*e Mitarbeiter*in Hilfe braucht, viel wichtiger als Teamsitzungen oder formelle Beurteilungen. Hier ist ein echtes Gefühl der persönlichen Verbundenheit gefragt.

7. **Seien Sie konsequent.**
   Die meisten Menschen haben nichts gegen eine strenge, anspruchsvolle Führungskraft mit scharfsichtigem Feedback, sofern sie alle gleichbehandelt.

Außergewöhnliche Führungskräfte wissen, dass der Schlüssel zur Beständigkeit in der Kommunikation liegt: Je mehr Mitarbeiter*innen die Entscheidungen nachvollziehen können, desto geringer ist die Wahrscheinlichkeit, dass jemand von einer Bevorzugung ausgeht.

8. **Individuelles Feedback**
   Kein*e Mitarbeiter*in ist perfekt. Jede*r Mitarbeiter*in braucht konstruktives Feedback. Gute Führungskräfte geben dieses Feedback. Großartige Führungskräfte tun dies immer persönlich. Demütigen Sie Ihre Mitarbeiter*innen nicht in der Öffentlichkeit: Üben Sie Kritik immer unter vier Augen.

9. **Öffentliche Anerkennung**
   Jede*n Mitarbeiter*in zeichnet irgendetwas Außergewöhnliches aus. Jede*r Mitarbeiter*in hat seinen/ihren Anteil an Lob und Dank verdient.

   Unter Umständen müssen Sie manchmal sogar lange suchen, um Gründe zu finden, eine*n Angestellte*n zu loben, der/die einfach nur die Standards erfüllt; aber das gehört dazu. Ein paar lobende Worte können aus einem/einer durchschnittlichen Mitarbeiter*in eine große Bereicherung für das Unternehmen machen.

10. **Die Chance auf eine glänzende Zukunft**
    Jeder Job muss die Chance bieten, weitere Möglichkeiten für die Zukunft Ihrer Mitarbeiter*innen zu schaffen. Wie können Sie den Traum eines/einer Mitarbeiter*in erkennen? Fragen Sie danach!

    Am besten zeigen Sie, dass Sie nicht nur an die Zukunft Ihres Unternehmens glauben, sondern auch an die Ihrer Mitarbeiter*innen.

Gewohnheiten sehr erfolgreicher Führungskräfte

Erfolg ist eine tägliche Verpflichtung, die sich an Ihren Lebenszielen orientiert. Sehr erfolgreiche Führungskräfte verstehen, dass Erfolg in jeder Form kein einmaliges Ereignis, sondern ein Prozess ist. Die besten Führungskräfte wissen, dass Erfolg im Laufe der Zeit aufgebaut wird.

Um als Führungskraft hervorzustechen, müssen Sie Angewohnheiten entwickeln, die Ihren Erfolg und Ihren Ruf fördern. Sobald diese Gewohnheiten Teil Ihrer Alltagsroutine geworden sind, sind Sie in der Lage, auch anderen dabei zu helfen, ihre Ziele zu erreichen.

Im Folgenden finden Sie einige Verhaltensweisen und Gewohnheiten, die Sie entwickeln können, um eine bessere Führungskraft zu werden:

1. **Lesen Sie jeden Tag**
   Erfolgreiche Führungskräfte kennen und vertrauen auf die unbestreitbaren Vorteile, die ihnen das tägliche Lesen bietet. Lesen ist eine Tätigkeit, die Sie entspannt und gleichzeitig anregt. Um eine großartige Führungskraft zu sein, müssen Sie immer bereit sein, dazuzulernen. Der Lerneffekt, den Sie durch das Lesen erzielen, erhöht Ihre Erfolgsaussichten drastisch.

2. **Beschäftigen Sie sich mit herausfordernden Aufgaben**
   Außergewöhnliche Führungskräfte leben und gedeihen anhand von Herausforderungen. Je mehr Sie sich selbst herausfordern, um erfolgreich zu sein, desto größer wird das Vertrauen in Ihre Fähigkeiten. Eine Herausforderung trägt nicht nur dazu bei, Ihre Kompetenzen und Ihr Wissen

zu erweitern, sie kann ebenfalls die Überzeugung stärken, dass Sie die Ziele, die Sie sich gesetzt haben, erreichen können.

Um eine großartige Führungskraft zu werden, müssen Sie sich angewöhnen, sich auf anspruchsvolle Aufgaben zu konzentrieren, die Sie und Ihr Team voranbringen werden.

3. **Lernen Sie von Menschen, die Sie bewundern**
   Führungskräfte neigen dazu, ehrgeiziger und übermäßig kritisch mit sich selbst zu sein. Um nicht in diese Falle zu tappen, achten erfolgreiche Führungskräfte darauf, dass sie Vorgesetzte zu Rate ziehen können, wenn es nötig ist.

   Erfahrene Führungskräfte verstehen und berücksichtigen den Grundsatz, dass jede Führungskraft ihrerseits Führungskräfte braucht. Wenn Sie jemanden haben, zu dem Sie aufschauen können, hilft das, die Angespanntheit zu lindern, die Sie naturgemäß empfinden, wenn Sie mit schwierigen Umständen zu kämpfen haben. Wenn Sie sich von jemandem, den Sie bewundern, beraten lassen, kehren Sie in einen ausgeglichenen Gefühlszustand zurück, der es Ihnen ermöglicht, die stressige Situation erfolgreicher zu bewältigen.

4. **Planen Sie Ihren nächsten Tag am Vorabend**
   Eine wichtige Angewohnheit erfolgreicher Führungskräfte ist, den nächsten Tag schon am Vorabend zu planen. Wie können Sie erfolgreich sein, wenn Sie sich nicht im Klaren darüber sind, was der nächste Schritt ist? Die Planung Ihres Tages hilft Ihnen dabei, strukturiert zu arbeiten, sodass Sie in kürzerer Zeit mehr erledigen können.

5. **Behalten Sie Ihre Ziele vor Augen**
   Es ist von unschätzbarem Wert für Ihren Erfolg, dass Sie es sich zur Gewohnheit machen, Ihre Ziele vor Augen zu haben. Viele Führungskräfte beherrschen die Kunst, Ziele aufzuschreiben und sie dann jeden Tag neu zu formulieren. Andere sagen, dass es ausreicht, sich die Pläne einmal am Tag laut vorzulesen.

   Der Grundgedanke dabei ist, dass Sie sich Ihre Ziele immer wieder vor Augen führen, um sicherzustellen, dass Sie auf dem richtigen Weg sind. Wenn Sie das nicht tun, vergessen Sie schneller, was Sie eigentlich anstreben und verlieren sich eher in Details. Anstatt Ihr Leben in die Hand zu nehmen, stellen Sie fest, dass Sie nur auf das reagieren, was als Nächstes ansteht. Wenn Sie es sich zur Gewohnheit machen, über Ihre Ziele zu meditieren, erreichen Sie sie leichter. Der Erfolg macht Spaß und motiviert Sie, sich weiterzuentwickeln.

6. **Gehen Sie gut dosierte Risiken ein**
   Erfolgreiche Führungskräfte verstehen den Unterschied zwischen einer sicheren Sache und einem verwegenen Himmelfahrtskommando. Sie handeln nicht leichtsinnig, aber es macht ihnen nichts aus, wohldosierte Risiken einzugehen – und sie nehmen sich viel Zeit, um diese Risiken abzuwägen, bevor sie eine bedeutende Entscheidung treffen.

   Wie Dale Carnegie einst sagte: *„Versuchen Sie Ihr Glück! Das Leben ist voll von Möglichkeiten. Wer am weitesten kommt, ist fast immer derjenige, der es wagt, ein Risiko einzugehen."*

Eine großartige Führungskraft setzt Handlungen um, die positive und negative Auswirkungen haben können. Bei jedem Versuch versucht sie, ein wenig mehr zu lernen, um die positiven Auswirkungen zu verstärken und die negativen zu verringern.

7. **Nutzen Sie das Wissen innerhalb Ihrer Teams**
   Hervorragende Führungskräfte wissen, dass der Grund, warum man ihnen die Verantwortung übertragen hat, darin besteht, das Beste aus den Möglichkeiten ihres Teams herauszuholen. Wenn es also darum geht, Strategien festzulegen oder Probleme zu lösen, suchen sie nach den besten verfügbaren Ressourcen, um schnell eine Lösung zu finden. Sie wissen, dass es nicht die Aufgabe einer Führungskraft ist, für alles eine Antwort zu haben. Es geht darum sicherzustellen, dass die beste Antwort gefunden und umgesetzt wird.

8. **Agieren Sie, anstatt zu reagieren**
   Großartige Führungskräfte verfügen über eine hohe emotionale Intelligenz und verstehen, dass emotionale und instinktive Reaktionen nicht zu den besten Ergebnissen führen. Sie kontrollieren ihre Emotionen, berücksichtigen alle Informationen und treffen die richtigen Entscheidungen, nicht nur emotionale Entscheidungen.

9. **Denken Sie daran, dass Taten mehr aussagen als Worte**
   Wenn Sie wissen wollen, woran jemand glaubt, hören Sie nicht auf das, was er sagt, sondern beobachten Sie, was er tut. Als Führungsperson prägen Sie eine bestimmte Kultur. Dies tun sie nicht, indem Sie eine Liste mit Werten und

Normen auf der Unternehmenswebsite veröffentlichen, sondern indem Sie mit gutem Beispiel vorangehen und die gewünschte Kultur täglich leben. Ein gesprochenes, aber nicht gelebtes Bild ist eine Vision, die schnell verblasst.

10. **Richten Sie Ihr Augenmerk auf die Suche nach Lösungen**
    Dale Carnegie sagte: „*Das ist typisch menschlich: Wer etwas angestellt hat, gibt allen die Schuld, nur nicht sich selbst.*“

    Große Führungskräfte wissen, dass Schuldzuweisungen niemals die Lösung für ein innerbetriebliches Problem oder das Anliegen eines/einer Kund*in sind. Schuldzuweisungen sind ein Ablenkungsmanöver, das die Leistungsfähigkeit und Wirksamkeit von Teams untergräbt. Den meisten Kund*innen ist es egal, wer die Schuld trägt; sie wollen nur, dass das Problem gelöst wird. Sie müssen also zunächst nach einer Lösung suchen, bevor Sie der eigentlichen Ursache auf den Grund gehen.

11. **Stellen Sie die besten verfügbaren Mitarbeiter*innen ein**
    Führungsqualitäten beruhen nicht darauf, der/die Klügste im Team zu sein. Es geht darum, die besten Mitarbeiter*innen einzustellen und so das beste Team zusammenzustellen. Großartige Führungskräfte wissen das und haben das Selbstvertrauen, Personen einzustellen, die erfahrener und qualifizierter sind als sie selbst. Sie haben nicht das Gefühl, in allem der/die Beste sein zu müssen. Die Führungskraft eines Teams ist in der Regel eine der sachkundigsten Arbeiter*innen, sollte jedoch nicht der/die einzige mit der nötigen Kompetenz sein.

12. Sorgen Sie für nachhaltigen Erfolg

Großartige Führungskräfte hinterlassen auch nach ihrem Ausscheiden ein Vermächtnis von anhaltendem Erfolg. Das bedeutet nicht, dass sie schnelle Erfolge scheuen. Nein, sie wissen um die Vorteile, die sie beim Aufbau einer Dynamik erzielen können. Sie sind sich bewusst, dass der größte Erfolg ein langfristiger, nachhaltiger Erfolg ist, der die Unterstützung des Teams erfordert und auch Zeit und Mühe kosten kann, sich aber auf lange Sicht auszahlt.

Fazit

Was anerkannt wird, wird auch wiederholt. Große Führungskräfte sind sich dessen bewusst und versuchen, eine Kultur der Anerkennung aufzubauen. Sie nehmen sich die Zeit, persönliche Nachrichten zu verschicken, Worte der Ermutigung auszusprechen und Mitarbeiter*innen öffentlich zu loben.

TEIL 3
LÖSUNGEN

ECCO

My-mindguide.com

Kapitel 8

Führungskräfte In Schwierigen Zeiten

Das Jahr 2020 hat uns eine neue Herausforderung beschert. Ein Ereignis, mit dem keine Führungskraft gerechnet hatte. Wir mussten Prozesse und Methoden vorantreiben, mit alten Denkmustern brechen und viele Geschäftsmodelle ändern.

Die Pandemie hat uns in die Knie gezwungen und gleichzeitig mehrere Türen geöffnet. Sie hat die Solidarität von Unternehmen und der Zivilgesellschaft offenbart. In einem widrigen Umfeld mussten wir handeln, uns neu ausrichten und Wege finden, die zum Kampf gegen die Ausbreitung des Virus beitragen.

Ereignisse wie diese ermöglichen es uns innezuhalten, Bilanz zu ziehen und uns neu zu erfinden, nicht nur als Individuen, sondern im Wesentlichen als Gesellschaft. In diesem Moment wird unsere Belastbarkeit auf die Probe gestellt und wir brauchen mehr denn je das Gespür für die Aufgabe großer Führungskräfte. Führen heißt, Menschen in die Zukunft zu führen.

Hoffnung ist keine Strategie

Hoffnung kann Ihnen einen positiven Blick in die Zukunft ermöglichen, aber für Ihre Karriere oder Ihr Unternehmen ist Hoffnung allein wenig wert. Setzen Sie sich also ein Ziel für morgen, für nächste Woche und für nächstes Jahr. Konzentrieren Sie sich darauf und ergreifen Sie entsprechende Maßnahmen. Die Zukunft erfordert eine andere, kreative Sichtweise der Dinge, aber nicht jede Führungskraft oder jede*r Vorstandsvorsitzende hat den Mut dazu - obwohl es die Rettung und der Wendepunkt für sein/ihr Unternehmen sein kann.

Viele Unternehmen greifen aus Angst auf eine „Überlebensstrategie" der Kostenreduzierung und Umstrukturi erung zurück, anstatt nach Wachstumsmöglichkeiten zu suchen.

Das Hoffen auf bessere Zeiten ist keine Strategie. Wer wagt es, sich an die Seite von großen Querdenkern wie Steve Jobs, Elon Musk und Richard Branson, den Männern hinter *Airbnb* oder *Uber* zu stellen und die Hoffnung als Status quo zu betrachten?

Trauen Sie sich, über Ihr Unternehmen nachzudenken

Sehen Sie sich die Erfolgsgeschichten der letzten Jahre an. Einige der berühmtesten Begründer des „Andersdenkens" sind Steve Jobs und Jonathan Ive von *Apple*. Das sind natürlich einfache Beispiele.

Werfen wir einen Blick auf die unternehmerische Karriere von Elon Musk. Er hat im Alleingang zahlreiche Branchen mit seinem angesammelten Kapital revolutioniert. Er baut Raketen, die mit *SpaceX* zur ISS fliegen und schließlich 80.000

Menschen auf den Mars bringen sollen. Das Elektroauto wurde durch *Tesla* populär. Internet-Zahlungen wurden durch *PayPal* zum Kinderspiel.

Als Musk Vorsitzender des großen US-Solarprojekts *SolarCity* wurde, fügte er auch Solarenergie zu seinem Repertoire hinzu. Und er sagt, dass er das alles nicht wegen des Geldes mache; jeder Dollar Gewinn fließe wieder in ein Projekt, das letztendlich *„wichtige Probleme für die Menschheit lösen soll"*.

Diese Unternehmen sind aus einem Problem entstanden, das gelöst werden musste - mit der Vision, dass alles möglich ist. Die Lösung kam, indem man anders dachte und die derzeitigen Geschäftsmodelle differenzierter betrachtete.

Im Laufe der Jahrhunderte wurde jede Wachstumswelle durch *Kreativität* und *Andersdenken* begründet. Denken Sie an die industrielle Revolution (von der handwerklichen zur maschinellen Fertigung), die technologische Revolution (Elektrizität und Massenproduktion, das Entstehen der Wertschöpfungskette), die digitale Revolution (Internet) und die soziale Revolution (soziale Medien). Jetzt ist der Zeitpunkt gekommen, in den schöpferischen Prozess einzutreten.

Der Weg zum idealen Geschäftsmodell

Wo wollen Sie in zwei Jahren stehen? Womit verdienen Sie heute Ihr Geld? Können Sie das auch weiterhin? Werden Sie von Konkurrenten in derselben Branche überrannt? Wie können Sie sich so verändern, dass Sie Ihrer Konkurrenz immer einen Schritt voraus sind?

Die Herausforderung besteht darin, jeden Baustein Ihres Geschäftsmodells (oder der gesamten Branche Ihres

Unternehmens) als möglichen Gegenstand von Innovationen und Erneuerungen zu betrachten. Jeder Baustein kann der Schlüssel zu neuem Wachstum und Erfolg sein.

Lassen Sie keine gute Krise ungenutzt

Die pandemische Krise hat die Figur der allgegenwärtigen Führungskraft entzaubert. Sie hat aber auch gezeigt, dass Menschen Ruhe brauchen, um mit der Informationsflut, die sie erreicht, zurechtzukommen. Heutzutage steht fest, dass es nicht darum geht, sich am selben Ort wie die Kolleg*innen zu befinden.

Krisen wird es im Geschäftsleben von Führungskräften immer geben. Was gute Führungskräfte gegenüber schlechten Führungskräften auszeichnet, ist nicht ihre Fähigkeit, Probleme zu vermeiden, sondern ihre Fähigkeit, ihnen mit Elan, Mut und dem Wunsch zu lernen zu begegnen.

Veränderungen, die selbst Unbehagen und Angst erzeugen und die Auseinandersetzung mit der Realität sind oft unangenehm und behindern den Fortschritt. Es erscheint mir nicht plausibel, dass nach der Überwindung dieses Virus alles so weitergehen wird wie bisher. Deshalb ist es wichtig zu verstehen, dass es eine neue Normalität geben wird. Wir müssen vorausdenken und überlegen, wie sich das auf verschiedenen Ebenen auswirken wird.

Normalerweise gehen Führungskräfte inmitten einer Krise davon aus, dass sobald das Problem beseitigt ist, alles wieder normal wird – und der erfolgreiche Kurs der Vergangenheit wieder aufgenommen wird. Dabei übersehen sie jedoch, dass sich die Marktverhältnisse geändert haben, dass Kund*innen neues Kaufverhalten entwickelt haben, dass

Konkurrent*innen ihr Verhalten und ihre Strategien geändert haben und dass behördliche Maßnahmen überarbeitet worden sind. Im Gegensatz dazu nehmen andere Unternehmen eine vorausschauende Haltung ein und bereiten sich schon während der Krise darauf vor, eine neue Zukunft aufzubauen.

Krisen, Misserfolge und Probleme sind ein fester Bestandteil des Lebens von Organisationen und Unternehmen. Die Globalisierung, weltweite Kommunikationsnetzwerke und die Verflechtung von Produktionsketten haben Systeme geschaffen, in denen Bedrohungen allgegenwärtig sind. Es liegt an den Führungskräften, sich dieser Wirklichkeit mit Hartnäckigkeit und Mut zu stellen und das zu tun, was man von ihnen erwartet: zu führen.

Mögliche Krisensituationen meistern

Führungskräfte stehen vor vielen Herausforderungen. Einige davon drücken mehr auf die Stimmung als andere. Viele Unternehmen sind sowohl von Streiks als auch von Demonstrationen betroffen, aber seit dem Lockdown und der vollständigen Stilllegung bestimmter Lieferketten haben Führungskräfte mit Turbulenzen zu kämpfen, die das Wachstum ihrer Unternehmen beeinträchtigen. Eine kurze Übersicht über die derzeitige Lage macht die Führung eines Unternehmens zu einem wahren Hindernisparcours.

Meinungsverschiedenheiten mit Partner*innen

Die ersten Schwierigkeiten könnten aus den eigenen Reihen kommen. Eine der Hauptursachen für die Schließung eines Unternehmens liegt im Konflikt zwischen Partner*innen. Dieser kann viele Ursachen haben: unterschiedliche Auffassungen über die Strategie, eine ungünstige Rollenverteilung zwischen den Gesellschaftern, Streitigkeiten im Zusammenhang mit Investitionen, fehlende Kompetenzen oder fehlende Einigung über den Gesellschaftervertrag. All diese Situationen betreffen Führungskräfte in erheblichem Maße, weil die Ursache im Unternehmen selbst und nicht außerhalb liegt.

Fehlender Umsatz

Ihre Idee mag großartig sein, Sie mögen jeden Tag hart arbeiten und gut gelaunt sein, und doch kommen Ihre Verkäufe nicht in Schwung. Dies ist eine der Hauptursachen für Stress bei Führungskräften. Er tritt vor allem in Branchen wie der Gastronomie auf, wo sich Ihr Lokal über Nacht ohne ersichtlichen Grund füllen oder leeren kann. In einer solchen Situation dürfen wir nicht vergessen: Sie können das beste Produkt der Welt haben, doch das bedeutet nicht, dass es sich von selbst verkauft.

Mangel an Liquidität

Geldmangel in den Kassen des Unternehmens führt oft dazu, dass Führungskräfte nachbessern müssen. Die Zahlungsfristen von Lieferunternehmen werden möglicherweise nicht eingehalten, Verhandlungen mit anderen Einrichtungen werden geführt und es können möglicherweise keine neuen Mitarbeiter*innen eingestellt werden.

Um diese Schwierigkeiten zu vermeiden, sollten Sie so gut wie möglich vorausplanen und sich ein Polster anlegen, indem Sie verschiedene Finanzierungsmöglichkeiten in Anspruch nehmen. In unserer derzeitigen Situation hat die Regierung angeboten, Zahlungsfristen zu verschieben. Der Schlüssel liegt darin, gut informiert zu sein.

Zahlungsausfall eines/einer Kund*in

Ein*e unzufriedene*r Kund*in, der/die nicht das bekommen hat, was er/sie von Ihren Leistungen erwartet hatte, kann katastrophale Folgen für ein Unternehmen bedeuten. Wenn ein*e Kund*in nicht zahlt, kann das zu einer Abwärtsspirale führen, die Sie in den Bankrott treibt. Planen Sie daher eine Streuung Ihrer Aktivitäten oder Ihrer Kund*innen ein, indem Sie Ihr Geschäft nicht zu sehr auf eine*n einzige*n Kund*in ausrichten. Es wird oft empfohlen, dass diese*r nicht mehr als 30 % Ihres Umsatzes ausmachen sollte.

Entlassung eines/einer Mitarbeiter*in

Eine Entlassung ist für beide Seiten eine schwierige Situation. Damit vermischen sich in der Regel das Menschliche und das Fachliche, denn es ist schwierig, einen Menschen zu entlassen, den man gernhat. Mangelnde Fähigkeiten, wirtschaftliche Schwierigkeiten, wenig Eignung für die Stelle oder nicht ausreichende Leistung können Sie schnell dazu bringen, sich von einem/einer Mitarbeiter*in zu trennen. Die größte Herausforderung besteht darin, zu erkennen, dass diese Situation für Sie und Ihren/Ihre Mitarbeiter*in gleichermaßen schwierig ist.

Die Schließung des Unternehmens

Auch darüber sollte man sprechen. Lieferunternehmen oder Mitarbeiter*innen, die Sie nicht mehr bezahlen können, der Verlust Ihres Arbeitsplatzes und das Gefühl des Scheiterns – die Schließung eines Unternehmens ist eine der schwierigsten Entscheidungen. Um diese Situation möglichst unbeschadet zu überstehen, sollten Sie sich so früh wie möglich darauf einstellen und sich nicht überschulden, um später keine Schwierigkeiten damit zu haben, wieder auf die Beine zu kommen. Es ist wichtig anzumerken, dass dies keine erschöpfende Liste mit Problemen von Führungskräften ist.

Analyse der Geschäftsstrategie

Einmal wurde ich gebeten, eine Geschäftsstrategie zu analysieren. Man gab mir ein Dokument, in dem es hieß, es handele sich um eine Strategie zur Geschäftsentwicklung. Nachdem ich mir das Dokument angesehen hatte, stellte ich fest, dass es keine Strategie gab, zumindest nicht im klassischen Sinne. Man gab mir den üblichen Fortschrittsbericht und einige Träumereien darüber, wie schön es doch wäre, in Zukunft irgendetwas Neues zu haben.

Ähnliche „Strategien" sehe ich häufig. Ich beschloss herauszufinden, was wo der Fehler lag und kam zu dem Schluss, dass man mir keine Strategie für die Geschäftsentwicklung, sondern eine für den „Verbleib im Sessel" gezeigt hatte.

Die Führungskräfte haben die Strategie der Geschäftsentwicklung mit einer Strategie verwechselt, die es ihnen ermöglicht, im „Lehnstuhl" bleiben zu können. Ob sie das bewusst oder unbewusst getan haben, ist schwer zu sagen. Aber in ihren „Strategien" fanden sich nur wenige Worte über die Entwicklung eines Geschäfts und die Steigerung seiner Rentabilität. Dafür stand viel darüber geschrieben, was die Strateg*innen als die richtigen Leute für ihr Unternehmen auszeichnete.

Warum sollte man eine Analyse der Geschäftsstrategie durchführen?

Eine Geschäftsstrategie ist ein leistungsfähiges Instrument, um eine Landkarte für die Entwicklung des Unternehmens zu zeichnen. Sie zeigt einen klaren Weg von Punkt A (wo sich das

Unternehmen jetzt befindet) zu Punkt B (wo das Unternehmen nach einiger Zeit sein soll). Der Analyseprozess bestimmt, wie genau der Weg von Punkt A zu Punkt B begangen wird.

Die Analyse einer Geschäftsstrategie ermöglicht Ihnen, den Faktor „Mensch“ aus dem System auszuschließen. Der Analyseprozess bestimmt, wie genau der Weg von Punkt A zu Punkt B gewählt wird, ob er ideal ist und ob das Unternehmen sich ihn leisten kann.

Die Strategie hat nichts mit Selbstdarstellung zu tun. Sie basiert auf einem exakten Algorithmus, der zu 100 % eingehalten werden muss. Es ist wichtig, sich diese Strategie genau anzusehen, da sie in 95 % der Fälle die Selbstdarstellung des/der Autor*in beinhaltet, die nicht außer acht gelassen werden darf.

Wie wird eine Analyse der Geschäftsstrategie durchgeführt?
Eine Geschäftsstrategie beginnt mit einer Vision, einem Bild von der Zukunft und den geschäftlichen Möglichkeiten. Je klarer das Bild und je klarer die Vorstellung vom Ziel, desto besser ist die daraus resultierende Strategie. Es ist wichtig, eine gründliche Analyse durchzuführen, um festzustellen, wie viel Realität darin steckt und welche Wünsche und Fantasien die Führungskräfte haben.

Anhand der Vision wird ein Aktionsplan entwickelt, um die sich bietenden Chancen zu verwirklichen. Dies geschieht auf Grundlage der verfügbaren Ressourcen und lohnenswerten Ziele sowie des Zustands der Wirtschaft, des Marktes und der Aktivitäten der Wettbewerber*innen. Außerdem wird ein Plan für die Zukunft erstellt, nicht für den/die Verfasser*in der Strategie selbst, sondern für das Unternehmen oder die Organisation.

Die Analysen der Geschäftsstrategien, die ich gesichtet habe, ergaben keine Visionen, sondern persönliche Pläne. Im Wesentlichen ging es darum, dass die Führungskräfte in die Zukunft blickten und sahen, dass ihnen die Entlassung drohte. Sie wollten nicht ohne Job dastehen, also wurden vermeintliche „Geschäftsstrategien" entwickelt, die lediglich aussagten, wie besonders die jeweiligen Führungskräfte waren und dass ihre Unternehmen ohne sie keine Chance hätten.

Wer führt die Analyse der Geschäftsstrategie durch?

Wenn die Führungskraft nicht möchte, dass jemand auf ihre Kosten Gewinne erwirtschaftet, muss sie eine*n Spezialist*in mit der Analyse der Geschäftsstrategie beauftragen. Die Analyse muss von einem/einer qualifizierten und unparteiischen Expert*in durchgeführt werden, der/die den Faktor *Mensch* aus einer Geschäftsstrategie herausrechnen kann. Nur ein*e Expert*in, der/die genau weiß, was eine Geschäftsstrategie ist und wie sie sich entwickelt, kann sie qualitativ bewerten, das System genau unter die Lupe nehmen und eine kumulative Bewertung vornehmen.

Die Analyse einer Geschäftsstrategie erfordert eine Investition von Zeit und Geld. Die Pseudostrategie verursacht jedoch Verluste, die in der Regel tausend- und millionenfach höher sind als die Kosten, die für die Durchführung der Analyse erforderlich sind. Eine Geschäftsstrategie ist immer eine Wette. Ob sie aufgeht oder nicht, hängt nur davon ab, wie gut sie ist.

Die Strategie des Unternehmens ändern

Ich habe beobachtet, dass das Erste, worüber Führungskräfte und Geschäftsführer*innen beim Aufkommen der nächsten

Krise nachgedacht haben, war, ob es für sie an der Zeit war, etwas in ihren Unternehmen und ihrem Management zu ändern. Da das Problem so schnell auftrat und so groß war, fiel es vielen schwer, sofort zu entscheiden, wie es weitergehen sollte.

Oft werde ich gefragt: „*Ist es notwendig, das Unternehmen jetzt in dieser krisenhaften Situation zu verändern?*"

Die Antwort liegt auf der Hand: Ja.

Ich vergleiche Unternehmen immer mit dem menschlichen Körper. Es gibt ein Herz: Das ist die Software; es schlägt, pumpt Blut und transportiert nützliche Stoffe. Es gibt ein Gehirn: Das ist die oberste Führungskraft, die Entscheidungen trifft. Die Hände sind das Büro, die Augen das Marketing und die Beine die Verkäufer*innen.

Dieser Organismus lebt für sich selbst, bis er plötzlich feststellt, dass es eine unerklärliche neue Krankheit gibt. Nehmen wir an, die Lunge sei befallen und die betroffene Person raucht. Dann stellt sich die Frage: Ist es notwendig, dringend mit dem Rauchen aufzuhören, um sich selbst zu retten? Es ist nicht gerade schlau, unter neuen Umständen an der alten Lebensweise festzuhalten.

Jede*r, der/die schon eine Krise durchgemacht hat, versteht, dass er/sie sehr schnell damit beginnen muss, seine/ihre betrieblichen Aktivitäten, Taktiken und Strategien zu überdenken. Manche Menschen haben noch keine einzige Krise durchgemacht und lassen es daher ein wenig langsamer angehen. Ich denke, dass unter diesen Umständen eine neue Strategie für jeden Geschäftsbereich erforderlich ist. Jede

Veränderung der äußeren Umstände sollte eine Überarbeitung des Systems nach sich ziehen.

Traumgeschäft

Zunächst müssen Sie ein Bild von der Zukunft entwerfen. Das sollte die Person tun, die die strategischen Pläne des Unternehmens formuliert; in der Regel ist dies die Führungskraft. Sie muss sich vorstellen, wie ihr Unternehmen in einem Jahr aussehen soll. Sie muss dieses Bild für sich selbst erträumen, um zu verstehen, was aus ihrem Unternehmen werden soll. Es klingt abgedroschen, aber alle weltberühmten Trainer*innen haben einmal geträumt.

Wenn Sie eine angestellte Führungskraft sind, hindert Sie nichts daran, vom Prototyp der Abteilung, die Sie leiten, zu „träumen". Das ist keine Geschäftsplanung, sondern die Verwirklichung eines großen Traums. Ein Traum gibt den Menschen Hoffnung, er motiviert sie. Leute sind dazu bereit, ihrem/ihrer Anführer*in zu folgen, besonders in einer Krise. Sie brauchen jemanden, der weiß, wohin sie gehen müssen. Jede*r Anführer*in sollte das Team in die Zukunft führen. Hoffnung ist ein ausgezeichneter Wegweiser. An der Strategiesitzung sollten die wichtigsten Mitglieder des Managementteams teilnehmen, Menschen, die viel Macht haben, Menschen, die für die Kultur und Technologie des Unternehmens verantwortlich sind und Menschen, mit denen die Führungskraft weiter zusammenarbeiten möchte, um den Traum zu verwirklichen.

Auf derselben Welle

Der zweite Schritt ist die Abstimmung. Geben Sie Ihren obersten Führungskräften die Aufgabe, einen frei formulierten Aufsatz zum Thema *„Wie sehe ich die Zukunft des Unternehmens?“* zu schreiben. Die wichtigste Voraussetzung für eine erfolgreiche Zukunft ist, dass das Unternehmen eine völlig neue Qualität erreicht. Dies ist ein entscheidender Moment für eine Führungskraft: Sie werden sehen, wie skeptisch oder optimistisch Ihre leitenden Führungskräfte sind und Sie können sich Anregungen holen, weil Sie selbst nicht immer alles im Unternehmen mitbekommen. Nachdem Sie die Aufsätze erhalten haben, sollten Sie darüber nachdenken, wie Sie alle Bilder, die Ihre Führungskräfte gemalt haben, miteinander abgleichen können; dazu brauchen Sie eine gemeinsame Plattform. Der dritte Schritt besteht darin, dass Sie sich zusammensetzen und die Art der zukünftigen Aktivitäten besprechen. Ich habe in meinem Unternehmen eine ähnliche Strategiesitzung durchgeführt, aber mein Fehler war, dass ich alle zusammengebracht habe, auch die Neulinge. Ich bin zuversichtlich, dass jene, die bereits seit Längerem für das Unternehmen arbeiten und mit der Marke vertraut sind, einen zukunftsfähigen Prototyp erstellen können. Das sollten vor allem die Hauptakteure des Teams sein. Als Ergebnis dieses Schritts müssen die Megatrends identifiziert werden: Was passiert gerade auf der Welt und was können wir erkennen, um das richtige Bild der Zukunft unseres Unternehmens zu entwerfen?

Megatrends der Zukunft:

- **Das Arbeiten mit Onlineplattformen:** Bisher hat die Pandemie denjenigen, die bevorzugt online unterwegs waren, vieles ermöglicht. Für diejenigen, die – aus welchen Gründen auch immer – noch nicht dabei waren, ist der Übergang jetzt eine offensichtliche Notwendigkeit.

- **Virtuelle Realität (VR):** Wer sie bereits in sein Geschäftsmodell integriert hat, wird nicht mehr darauf verzichten wollen, da sie besonders einträglich ist.

- **Schnelles Training:** Die Leute legen Wert auf kurze Schulungen, um eine bestimmte Fähigkeit in möglichst kurzer Zeit zu beherrschen.

- **Outsourcing:** Ein Trend, der in Zukunft an Bedeutung gewinnen wird.

- **Korruption und unlautere Geschäftsgebaren:** Es werden Bedingungen für Führungskräfte geschaffen, unter denen es einfacher ist, sich im rechtmäßigen Rahmen und nicht in einer Grauzone zu bewegen. Systeme der umfassenden Überwachung entwickeln sich weiter. Wir sind alle „im Fokus", wenn wir von der Zukunft träumen. Vergessen Sie nicht, dies zu berücksichtigen. Die Arbeit mit „grauem" Geld und andere halblegale Systeme sollten aufgegeben werden, da die Kontrolle über die Handlungen von Führungskräften strenger wird.

- **Gesichtserkennungssysteme und ihre großflächige weltweite Verbreitung.**

- **Der Verzicht auf Bargeld:** Dieser dient dem Aufbau eines finanziellen Überwachungs- und Kontrollsystems.

- **Ein gesunder Lebensstil, Ökologie und der Kampf gegen Plastik im Meer**: globale Trends, die uns alle betreffen.

- **Mülltrennung und die globale Erwärmung:** Diese Trends sind für die Zukunft unerlässlich. Sie werden Auswirkungen auf bereits existierende und zukünftige Unternehmen haben.

- **Aufbau einer persönlichen Marke:** Führungskräfte müssen aus dem Hintergrund heraustreten und ihre Marke aufpolieren. Die Generation von Mitarbeiter*innen verändert sich; sie müssen heute anders geführt werden als damals, brauchen andere Träume und müssen aus anderen Gründen als nur den finanziellen motiviert werden.

- **Ablehnung von Öl und Gas:** Immer mehr Menschen weltweit nutzen alternative Energiequellen.

- **Desintegration auf staatlicher Ebene:** Der Austritt Großbritanniens aus der EU und die wirtschaftliche Abhängigkeit Chinas von der US-Wirtschaft bereitet den europäischen Ländern Sorgen.

- **Die Robotisierung:** Dies ist ein Trend, der den Arbeitsmarkt und die Dienstleistungsbranche erheblich beeinflussen wird.

- **Ablehnung von teuren Marken:** Die Menschen werden demokratischer; sie lehnen Aufschläge zugunsten von Demokratie und Einfachheit ab.

Alle Trends müssen im Hinblick auf die Auswirkungen auf Ihr Unternehmen heute und in der Zukunft analysiert werden.

Träume strukturieren

Der vierte Schritt besteht darin, davon zu träumen, wie Ihr Unternehmen in einem Jahr aussehen wird und dabei alle Trends zu berücksichtigen, die diesen Traum beeinflussen. Hier sollten bereits strukturierte und präzise Informationen auftauchen. Deshalb müssen Sie die folgenden Fragen beantworten:

- *Welche Arten von Mitarbeiter*innen werden in einem Jahr für uns arbeiten?*
- *Wer wird die Geschäftsführung übernehmen?*
- *Welche Produkte und Dienstleistungen werden wir anbieten?*
- *Wie werden wir Beziehungen zu Kund*innen aufbauen?*
- *Welchen Grad an Kund*innenorientierung werden wir erreichen?*
- *Welche zusätzlichen Dienstleistungen werden wir anbieten?*
- *Wie wird das Kontrollsystem aussehen?*

Eine Investition in die Zukunft des Unternehmens kann für das Team sehr inspirierend sein. Die Mitarbeiter*innen werden zu den Autor*innen ihres Lebens. Sie entwerfen selbst Strategien für die Entwicklung des Unternehmens und bilden eine Gruppe von Gleichgesinnten. Im fünften Schritt analysieren wir das Unternehmen in seinem aktuellen Zustand. Um eine Strategie festzulegen, müssen wir erst herausfinden, wo wir stehen. Dieser Prozess besteht darin, das aktuelle Bild von der Zukunftsvision abzuziehen. Übrig bleibt die Liste der zu realisierenden Projekte, um einen zukünftigen Prototyp zu erreichen.

In der letzten Phase der Erstellung einer neuen Geschäftsentwicklungsstrategie müssen die Schlüsselprojekte benannt werden, die alle Ebenen des Unternehmens betreffen. Am Ende sollte jede*r wissen, unter welchem Slogan oder Motto das Unternehmen in den nächsten ein oder zwei Jahren geführt werden wird.

Gedeihen in schwierigen Zeiten

Einen schlechten Tag zu haben, ist eine Sache, denn jeder Mensch hat mal einen schlechten Tag. Harte Zeiten zu erleben, ist eine andere. In solchen Lebensphasen formt sich der Charakter und zeigt uns, wozu wir fähig sind. Ganz gleich, ob wir eine persönliche Tragödie, eine finanzielle Krise oder ein unvorhersehbares Ereignis durchleben: In diesen Momenten werden unser Wille und unser Geist auf die Probe gestellt. Jede*r reagiert anders auf diese Situationen. Einige sind angesichts ihres Zustands vielleicht betrübt oder suchen die Schuld bei ihren Mitmenschen. Andere bleiben ruhig, erstellen einen Handlungsplan, um voranzukommen, und suchen nach einem Anhaltspunkt, an dem sie sich in diesen düsteren Zeiten orientieren können.

Wie Sie auf diese Situationen kurzfristig reagieren, kann Ihren langfristigen Erfolg beeinflussen. Wie George S. Patton sagte: *„Ich messe den Erfolg eines Menschen nicht daran, wie hoch er aufsteigt, sondern daran, wie hoch er aufspringt, wenn er zu Boden stürzt.“*

Wie gehen Sie also am besten mit schwierigen Zeiten um, ohne in totale Panik zu verfallen?

1. **Denken Sie positiv:**

Sie haben viele Aufgaben und manchmal stoßen Sie auf Hindernisse. Betrachten Sie die Situation von ihrer positiven Seite und gehen Sie das Problem konstruktiv an. Konzentrieren Sie sich nicht auf die Schwierigkeiten und den Ärger, sondern fragen Sie sich stattdessen, für welche Lösung Sie sich entscheiden werden. Eine positive Einstellung stärkt Ihr Wohlbefinden und das Ihres beruflichen Umfelds. Um diesen Schwung beizubehalten, suchen Sie die Gesellschaft positiver Menschen und hegen Sie positive Gedanken.

2. **Bleiben Sie ruhig und besonnen:**
Wenn Sie merken, dass Ihnen der Geduldsfaden reißt, halten Sie inne und zählen Sie bis 10. Versuchen Sie, Entscheidungen nicht der Grundlage von Emotionen zu treffen. Führungskräfte müssen lernen, mit Stress umzugehen und Privat- und Berufsleben voneinander zu trennen. Das bedeutet nicht, dass Sie kein Mitgefühl zeigen sollen, sondern dass Sie sich selbst kontrollieren, jedoch nicht zu sehr distanzieren.

3. **Nehmen Sie Hilfe an:**
Es gibt wunderbare Menschen um Sie herum, die Ihnen gerne helfen, wenn Sie sie um Hilfe bitten. Weisen Sie sie nicht ab und geben Sie ihnen nicht die Schuld für Ihre Probleme.

4. **Ziehen Sie Lehren aus der Vergangenheit:**
Wenn Sie eine Krise durchmachen, überlegen Sie, ob Sie eine ähnliche Situation schon einmal in Vergangenheit erlebt haben und wenden Sie das, was Sie in der Vergangenheit gelernt haben, auf die derzeitige Situationen an.

5. **Holen Sie sich professionellen Rat:**
Suchen Sie sich Fachleute, die Sie beraten und anleiten können. Profitieren Sie von deren Wissen, Erfahrung und Sichtweisen. Sie werden Ihnen helfen, in schwierigen Zeiten die richtigen Entscheidungen zu treffen.

6. **Stellen Sie sich der Realität:**
Laufen Sie nicht vor Problemen davon, sondern stellen Sie sich ihnen. Nehmen Sie Ihre Situation an, auch wenn diese mit Schmerz verbunden ist. Sehen Sie die Realität, wie sie ist und nicht, wie Sie sie gerne hätten. Widerstandsfähigkeit bedeutet, sich der Erschütterung zu stellen und sie in ihrer

Heftigkeit zu akzeptieren, um sie besser bewältigen zu können. Scheuen Sie sich nicht davor, Ihre Gefühle auszudrücken, seien es Wut oder Verzweiflung. Tun Sie dies jedoch in einem geschützten Rahmen, wie Zuhause oder bei einer/einem Therapeut*in, und achten Sie darauf, Ihre Emotionen niemals bei Mitarbeiter*innen zu entladen.

7. Schließen Sie Frieden mit der Vergangenheit:
Verschwenden Sie Ihre Zeit und Energie nicht mit Ausreden oder Schuldzuweisungen. Meistern Sie Probleme, denken Sie an die Zukunft, halten Sie sich nicht mit dem Scheitern und vergangenen Fehlern auf. Jedes Mal, wenn Sie Pläne für Ihre Zukunft schmieden, holt Sie Ihre Vergangenheit wieder ein. Versuchen Sie nicht, sie zu verdrängen, sonst kehrt sie wie ein Bumerang in Ihr Leben zurück. Sie können nicht weitermachen, bevor Sie nicht Ihren Frieden mit Ihrer Vergangenheit geschlossen haben.

8. Treffen Sie wohlüberlegte Entscheidungen:
Meistens gibt es mehr als eine Lösung und keine davon ist auf Anhieb perfekt, also suchen Sie nicht danach. Ermitteln Sie die verschiedenen Lösungsansätze und stellen Sie einen Aktionsplan auf. Sie erzielen bessere Ergebnisse, wenn Sie sich vorwärtsbewegen, anstatt sich im Kreis zu drehen.

9. Setzen Sie Prioritäten:
Behandeln Sie nicht jede Aktivität oder Aufgabe gleich. Es ist wichtig, dass Sie sich mit den entscheidenden Tätigkeiten befassen und nicht mit der gesamten Liste der Aufgaben. Ein Schlüssel zum Erfolg ist es, eine Liste von Zielen aufzuschreiben, die Sie regelmäßig durchgehen. Wenn Sie einen klaren und

detaillierten Plan verfolgen, fällt es Ihnen leichter, Ihre Ziele zu erreichen.

10. Gehen Sie Schritt für Schritt vor:
Versuchen Sie, große Probleme zu lösen, indem Sie sie in Etappen angehen. Kümmern Sie sich um einen Punkt nach dem anderen, bis Sie die Ursache des Problems ausgemacht haben.

11. Bleiben Sie Ihren Werten treu:
Während einer Krise sollten Sie Ihre Prinzipien nicht infrage stellen. Hören Sie auf Ihren Instinkt und gehen Sie Ihren Überzeugungen entsprechend vor.

12. Verhalten Sie sich loyal:
Wenn Sie die Interessen anderer über Ihre eigenen stellen, können Sie die positive Energie entwickeln, die Sie brauchen, um voranzukommen. Wenn Sie also ein Versprechen geben, sollten Sie es auch halten, um Ihre Mitarbeiter*innen und Kund*innen nicht zu enttäuschen. Sobald Sie sich bestimmten Zielen verpflichtet haben, halten Sie sich an die zugesagten Zeitvorgaben. Ihre Kund*innen oder Mitarbeiter*innen werden sich wertgeschätzt fühlen und das Vertrauen zu Ihnen wird gestärkt.

13. Entspannen Sie sich:
Das Leben ist wie ein Marathon, nicht wie ein Sprint. Wenn Sie die Dinge zu schnell angehen, werden Sie am Ende nur eines erreichen: eine stressige Situation. Um Stress zu vermeiden, sollten Sie auf Entspannung setzen. So können Sie mit Bedacht Lösungen finden, Ihre Ziele erreichen und sich von Ihrer besten Seite zeigen.

14. Seien Sie eine Führungspersönlichkeit:
Früher waren Führungskräfte energische Persönlichkeiten, die ihre Befehle mit Gewalt durchgesetzt haben. Heute ist eine gute Führungskraft vor allem ein Vorbild. Seien Sie der Erste, der es richtig macht, bevor Sie es von anderen verlangen. Leben Sie **nicht** nach dem Motto: *„Tu, was ich sage, und tu nicht, was ich tue"*.

15. Geben Sie niemals auf:
Die größte Leistung ist nicht, einen Sturz zu vermeiden, sondern danach wieder aufzustehen.

16. Verlieren Sie nicht die Hoffnung:
Auch wenn Ihnen gerade nichts zu gelingen scheint und alles schiefgeht, sollten Sie immer die Hoffnung bewahren. Morgen kann alles wieder anders aussehen.

17. Lernen Sie aus Ihren vergangenen Erfahrungen:
Das Leben lehrt uns, dass es Höhen und Tiefen gibt. Achten Sie also darauf, dass Sie die Krise überwinden, weitermachen und dem Erlebten einen Sinn abgewinnen. Obwohl schwierige Zeiten Sie demotivieren und Ihre Moral untergraben können, sollten Sie nicht verzweifeln. Bleiben Sie motiviert und fangen Sie neu an, indem Sie diese Ratschläge befolgen.

new business
Marketingreport für Agenturen, Werbungtreibende und Verlage
1
2
3
4
5
6
7
8
9

Kapitel 9

Konfliktmanagement

Ein Konflikt ist eine häufig vorkommende Form der Interaktion in Organisationen und zwischenmenschlichen Beziehungen. Es wird geschätzt, dass Auseinandersetzungen etwa 15 % der Arbeitszeit in Anspruch nehmen. Führungskräfte verbringen sogar noch mehr Zeit damit, Konflikte zu lösen und zu bearbeiten. In manchen Organisationen verbringen sie bis zur Hälfte ihrer Arbeitszeit mit dieser Aufgabe.

Konflikte sind mit einem erheblichen Zeitaufwand und meistens mit großem Stress verbunden, da sie zerstörerische Folgen für die Organisation nach sich ziehen können. Gleichzeitig ist ein konstruktiver Konflikt häufig die einzige Möglichkeit, einen Ausweg aus der Krise zu finden. Nur die Mitarbeiter*innen haben Informationen über das interne Zusammenspiel und die tatsächlichen Möglichkeiten des Teams. Damit dieses Potenzial in Form von Umstrukturierungen und neuen Ideen zum Tragen kommen kann, sind Konflikte erforderlich.

Der „Clash of Ideas“

Aber was ist eigentlich ein Konflikt? Dazu ein Beispiel: Nehmen wir an, dass zwei Mitarbeiter*innen in derselben Abteilung arbeiten. Herr Legrand macht oft Überstunden. Und Frau Lavender geht genau um 16:00 Uhr nach Hause. Wenn die beiden sich nicht in die Quere kommen, ist alles gut. Nehmen wir jedoch an, Herr Legrand möchte früher als gewöhnlich nach Hause gehen, kann er das nur tun, wenn Frau Lavender länger im Büro bleibt. In diesem Gespräch würde sie erklären: *„Das ist unmöglich, ich muss meine Kinder um 16:15 Uhr von der Kita abholen."*

Solange Herr Legrand die Begründung hinnimmt und seine Forderungen zurückstellt, kommt kein Konflikt auf. Sollte er jedoch etwas einzuwenden haben, sieht die Sache anders aus. Herr Legrad könnte in diesem Beispiel antworten: *„Es bin immer ich, der zurückstecken muss. Diese egoistische Frau nimmt gar keine Rücksicht."*

In diesem Fall behindern sich Herr Legrand und Frau Lavender gegenseitig beim Erreichen ihrer Ziele, da sie voneinander abhängen. Wenn Frau Lavender früher geht, muss Herr Legrand bleiben und umgekehrt. Und weil sich Frau Lavender weigert, länger zu bleiben, empfindet Herr Legrand Frustration, dass seine Interessen nicht berücksichtigt werden.

Die drei Kennzeichen eines Konflikts:

- Erreichen von unterschiedlichen Zielen
- Es besteht eine wechselseitige Abhängigkeit zwischen den Beteiligten
- Verschlechterung im Bereich der Beziehungen

Dies gilt für Konflikte zwischen einzelnen Mitarbeiter*innen oder Gruppen von Mitarbeiter*innen und Abteilungen oder Unternehmen. Da ungelöste Konflikte schnell die Leistung beeinträchtigen können, ist es erforderlich, jemanden im Unternehmen mit der Lösung des Konflikts zu beauftragen. Diese Person ist in der Lage, Konflikte zu erkennen, schnell zu bearbeiten und den Mitarbeiter*innen ein wirksames Instrument zur Bewältigung des Konflikts an die Hand zu geben.

Diese sogenannten Mediator*innen können leitende Führungskräfte sein, auch wenn sie nicht immer in der Lage sind, bestehende Konflikte zu bewältigen. Nur jemand, der nicht in den Konflikt verwickelt ist, kann sich mit dem Konfliktmanagement befassen.

Wozu braucht es Konfliktmanagement?

Konfliktmanagement bedeutet, dass eine Führungskraft als Vermittler*in in Situationen auftritt, in denen zwei oder mehr Personen nicht einer Meinung sind.

Ein Konflikt wiederum ist eine Situation, in der zwei Parteien unterschiedliche Interessen oder Gefühle haben, was zu einer Konfrontation oder Unzufriedenheit auf einer oder beiden Seiten führt. Konflikte werden im Allgemeinen als ein *Aufeinandertreffen von gegensätzlichen Elementen* verstanden.

Einerseits sind Konflikte notwendig und dienen als Motor des Wandels. Wir dürfen nicht denken, dass Konflikte automatisch Krieg oder ein Zerwürfnis bedeuten; sie können auch konstruktiv sein. Andererseits können sie – je nachdem, wie sie ausgetragen werden – kontraproduktiv sein und Werte zerstören, indem sie dem Unternehmen und den Menschen, die dort arbeiten, Schaden zufügen. Als Führungskraft besteht Ihre Hauptaufgabe in diesem Gebiet darin, festzustellen, welche Konflikte produktiv und welche schlecht für Ihr Team sind.

Warum dann also Konfliktmanagement?

Als Führungskraft ist Ihre größte Herausforderung, produktive von kontraproduktiven Konflikten zu unterscheiden und zu wissen, wie man sie bestmöglich bewältigt und in positive Ergebnisse umwandelt.

Eine weitere Herausforderung besteht darin, die hierarchische Macht nicht zur Lösung von Konfliktsituationen in Ihrem Team einzusetzen. Als Vorgesetzte*r könnten Sie versucht sein, eine Meinungsverschiedenheit zu lösen, indem Sie eine Person verteidigen oder beide Personen kritisieren. Es ist unangebracht, Ihre hierarchische Macht zu nutzen, um einen Konflikt zu ersticken. Diese Denkweise wird das Problem nicht an der Wurzel packen und die Situation für alle Beteiligten nur noch verschlimmern.

In Konfliktsituationen zeichnet sich eine gute Führungskraft vor allem dadurch aus, dass sie die Beteiligten versteht. Versetzen Sie sich in deren Lage und betrachten Sie beide Seiten. Seien Sie vorsichtig, wenn Sie Partei ergreifen, und zeigen Sie Reife und Glaubwürdigkeit.

Wie sich Konflikte auf das Geschäft auswirken

Wenn die Führungskraft nicht versucht Probleme zu lösen, kann vieles schief gehen.

Die Unzufriedenheit, die sich im Team ausbreitet, schadet der Motivation und Produktivität der Mitarbeiter*innen. Ungelöste Konflikte können dazu führen, dass mehr Mitarbeiter*innen das Unternehmen auf der Suche nach einem besseren Arbeitsumfeld verlassen. Die Wettbewerbsfähigkeit des Unternehmens sinkt, wenn es an Kommunikation und Moral mangelt. Kleinere Konflikte werden in der Regel untereinander gelöst und können in manchen Fällen sogar zu etwas Gutem führen. Denken Sie zum Beispiel an ein besseres gegenseitiges Verständnis oder das Entstehen interessanter neuer Ideen. Leider haben Konflikte in der Arbeitswelt oft unangenehme Folgen für Arbeitgeber*innen und Arbeitnehmer*innen: ein schlechtes Betriebsklima, weniger Produktivität, geringere Zufriedenheit am Arbeitsplatz, mehr Fehler der Mitarbeiter*innen und höhere Fehlzeiten. Die unmittelbare Folge ist, dass die Arbeitsbelastung steigt und Sie mit Ersatzkosten konfrontiert werden.

Der Werkzeugkasten einer Führungskraft

Wenn es Ihr Ziel ist, Feindseligkeiten in Ihrem Team in eine Chance zur Verbesserung der Leistungsfähigkeit zu verwandeln, müssen Sie auf drei Dinge achten.

Haltung Ihre Haltung als Führungskraft muss erkennbar sein.

- Glaubwürdigkeit
- Unparteilichkeit
- Kenntnis der Situation
- Zuverlässigkeit
- Anpassungsfähigkeit der Haltung
- Klarheit in der Sprache
- Entschlossenheit in der Konfliktvermittlung

Emotionale Intelligenz

Noch wichtiger als Ihre Haltung ist, Ihre emotionale Intelligenz einzusetzen, insbesondere die vier wichtigsten Fähigkeiten:

- Selbsterkenntnis (Selbst-Bewusstsein)
- Selbstbeherrschung (Selbstdisziplin)

- Einfühlungsvermögen
- Einflussnahme (soziale Kompetenz)

Führungsstile

Ein weiteres Unterscheidungsmerkmal ist das Wissen, wie man mit Führungsstilen umgeht. Überlegen Sie je nach Situation, welchen Führungsstil Sie am besten anwenden sollten:

- Zwangvoll (er verlangt sofortige Befolgung)
- Verlässlich (er motiviert Menschen, auf ein gemeinsames Ziel hinzuarbeiten)
- Zusammenführend (erzeugt Harmonie und stärkt emotionale Bindungen)
- Demokratisch (schmiedet einen Konsens durch Beteiligung)
- Aggressiv (setzt hohe Maßstäbe)
- Beratend (fördert die Entwicklung von Menschen für die Zukunft)

Manchmal ist es für Sie vorteilhafter, mehr als einen Führungsstil gleichzeitig zu verwenden.

Übung macht den Meister

Natürlich ist jeder Konflikt anders. Was ich Ihnen jetzt erzähle, ist also kein Patentrezept, mit dem Sie alle Ihre Probleme lösen können. Stattdessen gebe ich Ihnen Tipps und Beispiele zum Umgang mit Konfliktsituationen.

1. Konflikte zwischen Persönlichkeiten

Manche Persönlichkeitstypen können nicht gut zusammenarbeiten und es kommt immer wieder zu Konflikten. Ihre Teammitglieder können trotzdem lernen, miteinander zu arbeiten, ohne in Streitereien zu geraten. Wenn es in Ihrem

Team zu persönlichen Konflikten kommt, ermutigen Sie die Beteiligten, sich in die Lage des anderen zu versetzen. Fordern Sie sie auf, mehr Verständnis aufzubringen und nicht länger über ihre Unstimmigkeiten zu grübeln. Achten Sie bei der Personalauswahl auch besonders auf persönliche Merkmale. Scheuen Sie sich nicht, Fragen zu stellen wie: *„Wie würden Sie in einer solchen Situation reagieren?"* oder *„Warum haben Sie Ihren vorherigen Arbeitsplatz verlassen?"*

Zwei Kolleg*innen, die für eine angespannte Atmosphäre sorgen:

Beispielsituation: Zwei Kellnerinnen kommen überhaupt nicht miteinander aus. Obwohl sie einander respektvoll behandeln, spüren alle Beteiligten die Spannung, wenn beide gleichzeitig im Lokal sind. Es bilden sich sogar Clans innerhalb des Teams. ***Wie Sie die Situation in den Griff bekommen:*** Als Führungskraft müssen Sie mit beiden sprechen, um zu verstehen, worum es eigentlich geht, und ihnen zu helfen, eine Lösung zu finden. Sie können sie nicht zwingen, miteinander Freundschaft zu schließen, aber die Mitarbeiterinnen müssen wissen, dass sie auf zivilisierte Art und Weise miteinander auskommen müssen. Ermutigen Sie die beiden, miteinander zu sprechen und eine gemeinsame Basis zu finden. Sie können sicherstellen, dass alles mit Respekt abläuft, indem Sie als Vermittler*in auftreten. Wenn es trotz Ihrer Bemühungen nicht zu einer Lösung kommt, müssen Sie drastischere Maßnahmen ergreifen. Sie könnten zum Beispiel die Arbeitszeiten anpassen, sodass die beiden nicht mehr zur selben Zeit arbeiten müssen und sich aus dem Weg gehen können.

2. **Auseinandersetzungen über Aufgaben und Verantwortlichkeiten:**

Teamarbeit kann schwierig sein, wenn die Beteiligten oft darüber streiten, wer was zu tun hat. Versuchen Sie, eine gemeinsame Basis mit Ihren Mitarbeiter*innen zu finden. Erörtern Sie Ihre Visionen mit Ihren Teammitgliedern, anstatt sie ihnen aufzudrängen. Auf diese Weise können Sie sich auf realistische Ziele einigen. Eine einfache Methode, die Sie täglich anwenden können, ist das Zusammenfassen Ihrer Anmerkungen am Ende eines Gesprächs. Noch besser ist es, wenn Sie Ihre*n Gesprächspartner*in bitten, zu formulieren, was er/sie verstanden hat. Auf diese Weise stellen Sie sicher, dass Sie immer auf einer Wellenlänge sind. Wenn Sie Ihre Mitarbeiter*innen in die Entscheidungsfindung einbeziehen, steigert dies auch deren Engagement und Motivation.

Ein*e Mitarbeiter*in, der/die seine/ihre Aufgaben nicht so erfüllt, wie er/sie sollte:

Beispielsituation: Trotz Ihrer wiederholten Aufforderungen versäumt es ein Mitarbeiter, bestimmte Aufgaben bis zum Ladenschluss zu erledigen. Sie sind unzufrieden, weil Sie das Gefühl haben, dass er seine Arbeit nicht richtig macht und beschließen, mit ihm darüber zu sprechen.

Wie Sie die Situation in den Griff bekommen: Versuchen Sie zunächst herauszufinden, warum er seine Aufgaben vernachlässigt. Durch das Gespräch erfahren Sie, dass er nie genug Zeit hat, alle Aufgaben zu erledigen. Er ist oft bis zur letzten Minute damit beschäftigt, Kund*innen zu bedienen und kann seine Liste der zu erledigenden Aufgaben nicht bis

Feierabend abarbeiten. Außerdem kann er nach Ladenschluss nicht lange bleiben, da er einen Bus nach Hause nehmen muss.

Wenn Ihnen an einem reibungslosen Abschluss des Ladens gelegen ist, stellen Sie sicher, dass Sie genügend Mitarbeiter*innen einplanen, um alle Aufgaben zu erledigen. Wenn das nicht möglich ist, stellen Sie eine realistischere Liste von Aufgaben zusammen.

3. Führungskonflikte:

Führungskompetenz ist eine sehr gefragte Eigenschaft in der Arbeitswelt. Der Führungsstil einer Führungskraft kann jedoch manchmal zu Problemen im Unternehmen führen. Deshalb müssen Sie unbedingt dafür sorgen, dass die Rollen Ihrer Teammitglieder geklärt sind und dass Sie Ihre Führungskräfte unterstützen. Bieten Sie Schulungen oder Mentoring an, damit Ihre Führungskräfte ihre Visionen sinnvoll weiterentwickeln können. Die Beförderung Ihres/Ihrer Spitzenverkäufer*in wird ihn/sie nicht über Nacht zu einem/einer guten Vorgesetzten machen. Je mehr Werkzeuge Ihrem Team zur Verfügung stehen, desto wirkungsvoller sind Ihre Führungsprozesse.

Eine missgünstige Führungskraft in Ihrem Managementteam:

Beispiel im Zusammenhang: Sie haben kürzlich Ihren Spitzenverkäufer zum Teamleiter befördert. Er war zeitweise negativ eingestellt und riss sarkastische Witze über den Rest des Teams. Angesichts des Personalmangels konnten Sie sich nicht vorstellen, sich von einem so leistungsfähigen Mitarbeiter zu trennen, also haben Sie sich trotzdem entschlossen, ihm eine Beförderung anzubieten. Sein Führungsstil ist jedoch unzureichend, ja sogar unangebracht, mehrere Mitarbeiter*innen haben sich schon darüber beschwert.

Wie Sie die Situation in den Griff bekommen: Eine solche Situation untergräbt die Moral eines Teams, zerstört den Zusammenhalt und bewirkt, dass sich alle unwohl fühlen. Die Grenze zwischen Belästigung am Arbeitsplatz und respektlosem Verhalten ist schmal. Sie möchten nicht der/die Chef*in sein, der/die die Situation in ein Gerichtsverfahren am Arbeitsgericht abgleiten lässt. Die Devise sollte daher lauten: Null Toleranz.

4. Unstimmigkeiten bei Arbeitsmethoden

„Alle Wege führen nach Rom."

Nur weil jemand nicht genau das tut, was Sie wollen, heißt das nicht, dass seine/ihre Arbeitsmethode ungeeignet ist. Sie müssen wissen, wie Sie Ihr Ego hintanstellen können. Seien Sie entgegenkommend und aufgeschlossen. Diese Haltung müssen auch Ihre Mitarbeiter*innen einnehmen. Nur weil sie etwas immer auf eine bestimmte Art und Weise gemacht haben, heißt das nicht, dass das auch weiterhin so bleiben muss.

Zwei Mitarbeiter, die glauben, ihre Methode sei die beste:

Beispielsituation: Zwei Mitarbeiter in Ihrem Team bearbeiten Aufträge auf völlig unterschiedliche Weise. Sie sind zufrieden mit beiden Methoden, die Mitarbeiter geraten jedoch oft in Konflikte, weil sie der Meinung sind, dass der andere seine Aufgaben nicht richtig erledigt.

Wie Sie die Situation in den Griff bekommen: Ermutigen Sie Ihre Mitarbeiter dazu, eine gemeinsame Basis zu finden. Wenn sie es nicht alleine schaffen oder die Spannung zunimmt, scheuen Sie sich nicht, ein formelles Treffen einzuberufen. Erklären Sie Ihren Mitarbeitern, dass es nicht darum geht, einen Schuldigen zu finden oder einen Gewinner zu küren, sondern darum, einen Kompromiss zu finden. Begleiten Sie die Mitarbeiter bei der Suche nach einer Lösung, die sicherstellt, dass sich niemand ungerecht behandelt fühlt. Wenn Sie eine Lösung gefunden haben, sorgen Sie dafür, dass das neue Verfahren klar und verständlich ist und von allen Mitgliedern Ihres Teams anerkannt wird.

5. Ernsthafte Konflikte

Jedes Unternehmen muss ein gesundes Arbeitsumfeld für seine Mitarbeiter*innen schaffen. Selbst bei Anwendung der besten Verfahren kommt es manchmal zu bestimmten Arten von ernsthaften Konflikten: Diskriminierung, Belästigung, Einschüchterung und so weiter. Der Umgang mit dieser Art von Konflikten ist sehr heikel, sodass Sie sofort professionelle Hilfe in Anspruch nehmen sollten. Stellen Sie sicher, dass Sie über eine interne Richtlinie verfügen, die eindeutig besagt, dass diese Verhaltensweisen nicht geduldet werden.

Konfliktanalyse

1. **Auseinandersetzungen im Konfliktmanagement** ***Strategie der Eingrenzung*:** Dabei geht es darum, den Konflikt ohne eine direkte Konfrontation zwischen den Parteien zu bewältigen. Sie können sich mit den Beteiligten beider Seiten zusammensetzen und vorschlagen, dass jede ihren Standpunkt

vertritt. Sie versuchen also, etwas über die Positionen zu erfahren, warum sie im Widerspruch zueinander stehen und wie es dazu gekommen ist. Bei dieser Strategie besteht Ihre Rolle darin, in der Diskussion zu vermitteln.

2. **Entschleunigung im Konfliktmanagement**
Strategie der Entschleunigung: Bei dieser Strategie werden die gemeinsamen Interessen der Beteiligten betont und die Unterschiede zwischen den streitenden Personen auf ein Mindestmaß reduziert. Versuchen Sie herauszufinden, wie die gemeinsamen Interessen von Fachleuten, die sich streiten, geweckt werden können. So ist es möglich, trotz der Unterschiede zu zeigen, dass beide Parteien eine Menge gemeinsam haben und die gleichen Ziele verfolgen.

3. **Zusammenarbeit im Konfliktmanagement**
Strategie der Zusammenarbeit: Schlagen Sie vor, dass alle Beteiligten ihre eigenen Ziele zurückstellen und gemeinsam einen gemeinsamen Plan entwickeln. Diese Übung ermöglicht es den Konfliktparteien, über andere Lösungen als die vorgeschlagenen nachzudenken, also eine dritte Möglichkeit zu finden, den Konflikt zu lösen.

4. **Verhandlung im Konfliktmanagement**
Strategie der Verhandlung: Diese Strategie beinhaltet, dass jede Partei etwas aufgibt, um die Differenzen auszugleichen. Sie sollten mit jeder Seite sprechen, um zu verstehen, warum sie nicht bereit sind, Kompromisse einzugehen und loszulassen. Alle Seiten müssen einwilligen, einige ihrer Positionen aufzugeben, um eine gemeinsame Basis zu finden und die Ursache des Konflikts zu beseitigen.

5. **Verhaltensänderungen im Konfliktmanagement**
Strategie der Verhaltensänderung: Die Perspektive besteht darin, persönliche Einstellungen und Verhaltensweisen zu ändern. Dazu müssen Sie die wahre Ursache des Konflikts herausfinden und als erste*r Vermittler*in auftreten. Es gehört zum Konfliktmanagement zu bestimmen, welche der beiden Parteien mit der Verteidigung ihres Standpunkts recht hat. Verlangen Sie dann von den Beteiligten eine Verhaltensänderung. Kommt es nicht zu einer solchen, wird der Konflikt nur aufgeschoben und nicht gelöst.

Einen Konsens herstellen

Konflikte stehen im Geschäftsleben an der Tagesordnung. Führungskräfte müssen schnell reagieren, um diese so schnell wie möglich zu lösen, denn sie sind besonders nachteilig für die Qualität der Arbeit und das Engagement der Mitarbeiter*innen. Im Folgenden finden Sie Tipps, wie Sie Spannungen so schnell wie möglich abbauen und Konflikte am Arbeitsplatz eindämmen können.

Denken Sie daran, dass alle Menschen verschieden sind:

Wo Menschen zusammenkommen, besteht immer die Möglichkeit, dass es zu Konflikten kommt. Deshalb müssen Sie die Positionen aller Menschen respektieren. Jede*r nimmt die Welt um sich herum anders wahr, hat andere Meinungen, eine andere Ausbildung und andere Wertvorstellungen. Deshalb ist es wichtig, Toleranz und Respekt zu fördern.

Kommunizieren Sie mit Ihren Teams:

Konflikte im Geschäftsleben müssen so weit wie möglich vorweggenommen werden, um seelische und finanzielle

Belastungen zu vermeiden. Zur Entschärfung eines Konflikts gehört Kommunikation. Führungskräfte sollten ständig mit ihren Teams sprechen, anstatt auf den Punkt zu warten, an dem es kein Zurück mehr gibt.

Lernen Sie Ihre Teams kennen:
Es ist schwierig, miteinander zu kommunizieren, wenn Sie Ihre Mitarbeiter*innen nicht kennen. Sie kennenzulernen bedeutet, dass Sie psychologische Arbeit leisten müssen, um herauszufinden, wer die treibenden Kräfte sind und wer Streit im Unternehmen sucht. Es geht darum, jedes Teammitglied als Individuum zu behandeln.

Verbessern Sie den Zusammenhalt:
Konflikte im Geschäftsleben resultieren oft aus einem Mangel an Zusammenhalt. Gerade liegt es im Trend, Teams zusammenzubringen und sie zu motivieren. Dafür gibt es zahlreiche Möglichkeiten. Sie können die Vorteile des Teambuildings erfahren, indem Sie ein gemeinsames Essen mit Ihren Kolleg*innen organisieren.

Behandeln Sie Ihre Teams mit Wertschätzung:
Konflikte im Geschäftsleben ergeben sich manchmal aus Spannungen, die auf einen Mangel an Wertschätzung zurückzuführen sind. Wenn Ihre Mitarbeiter*innen leistungsfähig sind und ihre Arbeit qualitativ hochwertig ist und pünktlich abgeliefert wird, können Sie Ihre Mannschaft hervorragend motivieren, wenn Sie wissen, wie Sie es am besten ausdrücken.

Richten Sie ein System für die Zeitverwaltung ein:
Konflikte im Geschäftsleben können mit rechtlichen und finanziellen Aspekten verbunden sein. Ein einfacher

Fehler auf einer Gehaltsabrechnung oder eine falsche Überstundenberechnung und alles kann sich ändern. Mit einer Stechuhr, einem absolut unparteiischen Instrument, lassen sich viele Konflikte vermeiden.

Nehmen Sie Ihre Rolle als Mediator*in wahr:
Wenn Ihre Teammitglieder in einen Konflikt verwickelt sind, sollten Sie eingreifen, um Spannungen abzubauen und sicherzustellen, dass die Situation nicht eskaliert. Aber Vorsicht: Ihre Rolle als Führungskraft besteht nicht darin, alle Probleme zu lösen, sondern die betroffenen Personen bei der Problemlösung zu unterstützen.

Ermutigen Sie den Dialog im Team:
Oftmals befinden Sie sich möglicherweise gar nicht im Unternehmen, wenn ein Konflikt auftritt, sodass das Team darin geschult werden muss, den Dialog zu pflegen. Ermitteln Sie Personen in der Gruppe, die als Vermittler*innen fungieren können, und ermutigen Sie diese, zu versuchen, die Probleme ohne die Führungskraft zu lösen. Mit der Zeit werden diese Personen zu einem Bezugspunkt für das Team selbst.

Vermeiden Sie Konfrontationen in Konfliktsituationen:
Wenn es im Unternehmen einen Konflikt gibt, erhitzen sich die Gemüter. In solchen Situationen ist es das Beste, Auseinandersetzungen zu vermeiden und das Gleichgewicht zu wahren. Wenn man sich um Verständnis bemüht, lässt sich alles leichter lösen, die Probleme werden deutlicher und eine Lösung rückt näher. Nimmt die Führungskraft eine defensive Haltung ein, schadet sie den Mitarbeiter*innen und der Gruppe. Der Umgang mit solchen Situationen muss transparent, freundlich und offen sein.

Nutzen Sie Konfliktsituationen, um zu wachsen:
Die konfliktreichen Situationen des Alltags sollten das Team immer dazu bringen, dazuzulernen. Halten Sie diese Situationen mit ihren Ursachen und Folgen fest und nutzen Sie dieses Material in den regelmäßigen Schulungen. Es geht darum, dass jede*r merkt, dass die Situationen trotz der anfänglichen Belastung einen Lerneffekt und Wachstum für die Gruppe ermöglichen. Die Beteiligten sollten die Konflikte in diesen Situationen nicht wiederholen, weil sie bereits einen Weg gefunden haben, sie zu lösen.

Sorgen Sie für eine schnelle Lösung:
Konflikte haben für das Unternehmen einen tatsächlichen Preis. Wenn die Spannungen zunehmen, haben die Mitarbeiter*innen keine Lust mehr, zur Arbeit zu gehen. Diese Konflikte können zu Fehlzeiten aufgrund von Krankheit oder schlampiger Arbeit führen.

Fazit
Bei der Bewältigung von Konflikten im Unternehmensalltag ist das übergeordnete Ziel, dass die Arbeitsbeziehung zwischen den Konfliktparteien wiederhergestellt werden muss. Es geht nicht darum, aus dem Konflikt eine Beziehung zu schaffen, in der die Parteien beste Freund*innen werden. Die Führungskraft muss in einem betrieblichen Umfeld agieren. Diese Methode muss in einer entsprechenden Ausbildung erlernt und dann professionell angewandt werden.

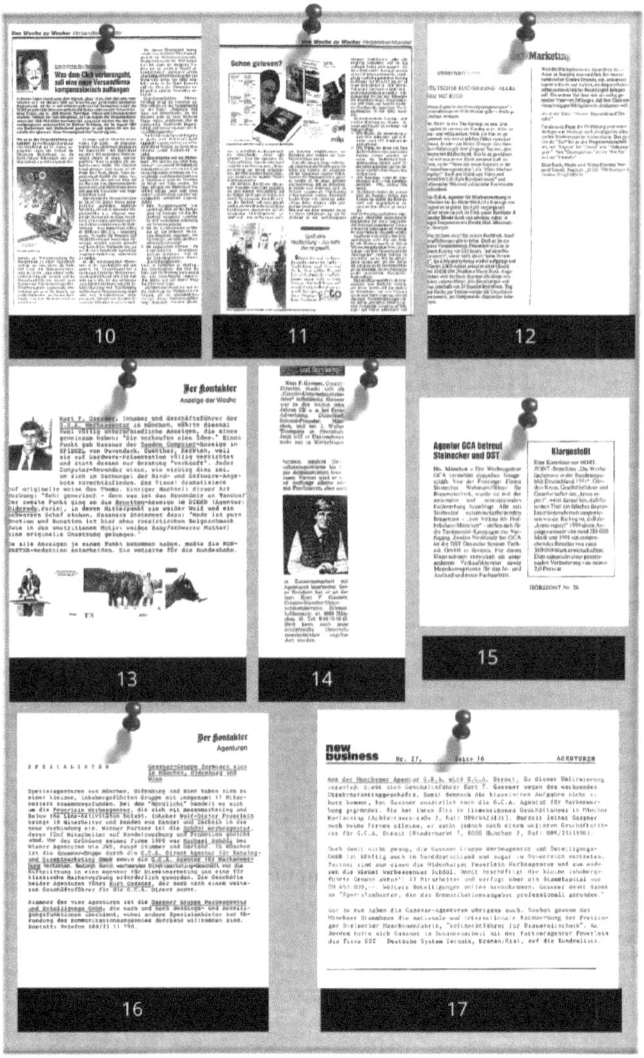
Schon gelesen?
Der Kontakter
Anzeige der Woche
Agentur GCA betreut Steinecker und DST
Klargestellt
new business
10
11
12
13
14
15
16
17

Kapitel 10

Aufbau Einer Wachstumsfördernden Kultur

Die Stärkung der Unternehmenskultur ist eine wirkungsvolle Vorgehensweise, um talentierte Mitarbeiter*innen anzuziehen und zu binden, eine stimmige Marke auf dem Markt zu fördern und nicht zuletzt die Arbeit der Teams zielgerichteter und interessanter zu gestalten.

Jeden Tag haben Unternehmen ein wachsames Auge auf die verschiedensten Kennzahlen, wie zum Beispiel Ertrag, Wirtschaftlichkeit, Auslastung, Fehlzeiten, Umsatz oder Kund*innenzufriedenheit. Zu Recht, denn auf den heutigen Märkten will man als Unternehmen auf alles vorbereitet sein, was schon morgen passieren könnte. Gute und engagierte Mitarbeiter*innen zu haben, ist von größter Bedeutung. Sie tragen die Verantwortung und sorgen dafür, dass Organisationen weiter im Geschäft bleiben. Die gleichen Mitarbeiter*innen sind automatisch und auf natürliche Weise Teil der Leistungskultur. Das Engagement der Mitarbeiter*innen für das Image des Betriebs hängt entscheidend von der Unternehmenskultur ab.

Nur ein kund*innenorientiertes, offenes und wiedererkennbares Unternehmen boomt.

Was ist Führungskultur?

Führungskultur ergibt sich aus der Art und Weise, wie Menschen in einem Umfeld interagieren und wie sich dieses Umfeld auf der Grundlage dieser Wechselbeziehungen weiterentwickelt. Wenn ein Unternehmen eine schwache Kultur hat, gibt es kein *gut* oder *schlecht*, sondern nur *stark* und *schwach*. Oft beginnt die Führungskraft Beschwerden im Zusammenhang mit der Organisationskultur wahrzunehmen, wenn das Unternehmen mit hoher Geschwindigkeit wächst. Während sich das Wachstum beschleunigt, haben Sorgen um den Umsatz, die Lieferungen und die Finanzen Vorrang vor der Erhaltung der Kultur. Es müssen viele neue Mitarbeiter*innen eingestellt werden und oft bleibt keine Zeit für eine offizielle Schulung mit Einarbeitung und Eingewöhnung. Wenn neue Mitarbeiter*innen dazukommen, ist es nur natürlich, dass sie sich verändert, weiterentwickelt oder von dem Ballast beeinflusst wird, den die neuen Mitarbeiter*innen aus anderen Unternehmenskulturen mitbringen.

Kultur ist die Art und Weise, wie wir kommunizieren, in all ihren Formen. Von der Wahl des Standorts, der Möbel, der Raumaufteilung, des Namens, der Schreibweise, der Farben, der Art und Weise, wie wir sprechen, der Wortwahl bis hin zum Tonfall, den wir in jeder Situation verwenden. Wir sprechen und entscheiden, wie wir die Welt sehen, wie wir uns selbst darin einordnen und mit welcher Art von Menschen wir zu tun haben wollen. Die bewusste Gestaltung einer Unternehmenskultur ist nicht einfach. Die Schwierigkeit liegt in der Beständigkeit, die wir damit erzeugen und mit der Erfüllung unserer Erwartungen – den Beispielen, die wir schaffen, den Entscheidungen, die wir treffen, und den Geschichten, die wir erzählen. Und vor allem mit den Menschen, die wir einstellen und denen, die wir wegschicken.

Nach und nach verstehen, spiegeln und verstärken die Mitarbeiter*innen, was uns wichtig ist, bis es für die Organisation zur Selbstverständlichkeit wird.

Unternehmenskultur ist mehr als nur das Bier am Freitag. Sie bestimmt und prägt das Arbeitsumfeld und ergibt sich aus der Gesamtheit der Konzepte, Verhaltensmuster und Abläufe auf Organisationsebene: ganz zu schweigen von den Unternehmenszielen und -werten. Der Aufbau einer herausragenden Unternehmenskultur erfordert Zeit und Mühe.

Wenn Sie in Ihrem Unternehmen arbeiten, denken Sie wahrscheinlich viel über das Produkt nach, das Sie entwickeln, wie Sie Kund*innen gewinnen können und welche Mitarbeiter*innen Sie einstellen. Letztlich sind diese Aspekte entscheidend für den reibungslosen Ablauf des Unternehmens.

Warum erzähle ich Ihnen das alles? Weil ich der Meinung bin, dass die Unternehmenskultur der Schlüssel zur Schaffung eines leistungsfähigen Unternehmens, eines hervorragenden Teams und letztlich zur Verwirklichung der angestrebten Mission ist. Die Kultur definiert und gestaltet das Arbeitsumfeld. Letztlich geht es bei der Entwicklung der Unternehmenskultur um die Schaffung von Maßnahmen, die dazu beitragen, die Geschäftsziele zu erreichen und gleichzeitig eine Verbindung zu den Werten des Unternehmens aufrechtzuerhalten.

Die Geschäftsziele eines Unternehmens:
Was strebt Ihr Unternehmen auf dem Markt an und wie will es dies erreichen?

Unternehmenswerte: Es beginnt mit den Werten der Führungskraft und einem aufrichtigen Bekenntnis zu diesen Werten.

Menschen und Berührungspunkte: Stellen Sie sich all die Grundsatzdokumente, Kommunikationskanäle und ethischen Grundsätze vor, die in Ihrem Unternehmen gelten. Es gibt Hunderte und Tausende von Schnittstellen, die die Organisationskultur prägen; vom Budget und der Sprache, in der die Aufgaben definiert sind, bis hin zu den Methoden der Entscheidungsfindung und der Bekanntgabe der Geschäftsziele.

Unabhängig davon, ob es sich bei Ihrem Unternehmen um eine Neugründung oder ein expandierendes Unternehmen handelt, müssen Sie sich mit der Unternehmenskultur auseinandersetzen, um ein beständiges Wachstum des Unternehmens zu gewährleisten, ohne dabei die Werte aus den Augen zu verlieren, die das Unternehmen dorthin gebracht haben, wo es heute steht.

Warum ist Führungskultur so wichtig?
Die Werte eines Unternehmens sind wie der Motor eines Autos. Sie ermöglichen Ihnen, regelmäßig und zielgerichtet Dinge wie Kund*innenbetreuung, Einstellung und Anpassung neuer Mitarbeiter*innen und interne Prozesse zu verbessern. Mit einer starken Kultur und starken Werten können Sie:

- Arbeitsabläufe einführen, die es Ihrem Team ermöglichen, die beste Arbeit zu leisten.

- Hindernisse aus dem Weg räumen, um es den Teammitgliedern zu erleichtern, wichtige Projekte umzusetzen.

- Sicherstellen, dass jede*r im Unternehmen für das geschätzt wird, was er/sie ist, unabhängig von Geschlecht, Aussehen, ethnischer Herkunft oder anderen Merkmalen.

- All das mit der Mission des Unternehmens verknüpfen, damit jede*r versteht, warum seine/ihre Arbeit so wichtig für die gemeinsame Sache ist.

- In der gesamten Organisation Standards für Zusammenarbeit und Teambildung setzen.

Es ist von größter Bedeutung, dass die Kultur Ihren Mitarbeiter*innen hilft, die wichtigste Arbeit am wirkungsvollsten zu erledigen. Dies fördert das Wachstum des Unternehmens, schafft Möglichkeiten für die Erfüllung Ihrer Mission und erhöht letztlich die Zufriedenheit und Weiterentwicklung der Mitarbeiter*innen. Die Bedeutung der Unternehmenskultur kann gar nicht hoch genug eingeschätzt werden. Eine einflussreiche Unternehmenskultur ermöglicht es Ihnen, erfolgreiche Projekte und Prozesse zu konzipieren, durchzuführen und zu skalieren, die Ertragskraft zu steigern und die geschäftliche Kontinuität zu wahren. Sie sorgt auch dafür, dass Ihre Mitarbeiter*innen mehr Freude an ihrer Arbeit haben und dass die allgemeine Zufriedenheit steigt. Dies verschafft dem Ruf Ihres Unternehmens einen deutlichen Vorteil im heutigen wettbewerbsintensiven Geschäftsumfeld. Dank einer zukunftsorientierten Unternehmenskultur sind Sie in der Lage, Geschäftspartner*innen, Mitarbeiter*innen oder beispielsweise Lieferantenunternehmen anzuziehen. Eine solide Unternehmenskultur ist vor allem für jüngere Menschen wichtig, die gerade ins Berufsleben eintreten. Junge Menschen legen Wert auf Kultur und Empathie, die sie zur Arbeit motivieren.

Kulturelle Vielfalt und Differenzierung

Egal, ob Sie in einem kleinen Start-up oder in einem großen Unternehmen arbeiten, das Hauptziel ist immer Wachstum. Wachstum bei der Anzahl der Kund*innen, beim Umsatz und beim Gewinn. Aber um neue Ziele zu erreichen und auf dem Weg dorthin nicht die Kontrolle zu verlieren, ist es notwendig, eine Kultur des Wachstums zu erschaffen. Oft steht die Unternehmenskultur an erster Stelle. Dazu gehören zum Beispiel ein gut ausgestattetes Büro, Tischtennisplatten, Konsolen, kostenlose Getränke und Kekse. Leider sind dies aber keine grundlegenden Merkmale einer Unternehmenskultur und stehen nicht im Einklang mit den Wachstumsplänen von Unternehmen. Sie stellen nur eine einfache Möglichkeit dar, den Komfort der Mitarbeiter*innen zu erhöhen. Eine wirkliche Wachstumskultur ist viel innovativer und komplexer. Sie besteht aus drei Schlüsselkomponenten:

- Systeme für Wachstum zu erschaffen
- Ziele zu erreichen
- Psychologische Sicherheit zu gewährleisten

Systeme für Wachstum:

Unterteilen Sie Wachstum in seine einzelnen Teilbereiche und richten Sie ein System ein, in dem ständig an der Weiterentwicklung gearbeitet werden kann. Wie bei jeder anderen Unternehmensstrategie muss es auch beim System für Wachstum eine Person geben, die dafür verantwortlich ist, Disziplin zu vermitteln, ein Team aufzubauen und die Aufgaben zu erledigen.

In der Anfangsphase wird eine solche Person als Führungskraft für das Wachstum bezeichnet, aber wenn das Unternehmen und das System mitwachsen, entwickelt sich die Position der Führungskraft zum Geschäftsführer für Wachstum, zum stellvertretenden Vorstandsvorsitzenden für Wachstum und zum Vorstandsvorsitzenden für Wachstum.

Im Rahmen der Herausbildung dieses Entwicklungsbereichs für Wachstum werden neue Anforderungen an die Talente der Mitarbeiter*innen gestellt.

- Ergebnisorientierung
- T-förmige Fähigkeiten und die Bereitschaft zu lernen
- Verständnis für Agile und Lean-Methoden
- Schwerpunkt auf Metriken und Daten
- Wissenschaftlicher Ansatz für Experimente
- Fokus auf das Produkt
- Fokus auf die Kund*innen

Gleichzeitig können die wesentlichen Qualifikationen der Beteiligten am Entwicklungsbereich für Wachstum unterschiedlich sein: Programmierung, Analytik, Design, Marketing, Produktmanagement, Vertrieb. Es ist wichtig, dass das Unternehmen neue Mitarbeiter*innen mit den richtigen Qualifikationen einstellt und die Fähigkeiten der vorhandenen Mitarbeiter*innen weiterentwickelt.

Ziele und wie man sie erreicht:
Die Unternehmenskultur muss eng mit ihren Zielen verbunden sein, damit Wachstum nicht zu einem bedeutungslosen Unterfangen wird. Es spielt keine Rolle, welche Art von

Zielsystem Sie verwenden (*KPI, Smart Goals*). Die Arbeit zur Erreichung der Ziele und Ergebnisse muss tief in die Wachstumskultur integriert sein.
Das Gleiche gilt auch umgekehrt. Wenn Sie KPI verwenden, um Ziele in einem Unternehmen zu setzen, das nicht über eine Wachstumskultur verfügt, riskieren Sie, Ihre Mitarbeiter*innen in ein Chaos zu stürzen. Um wirkungsvoll auf Wachstumsziele hinzuarbeiten, müssen Sie bei der Prioritätensetzung einen nicht-linearen Ansatz wählen. Im Rahmen dieses Ansatzes müssen die festgelegten Prioritätsabschätzungen für jeden Plan mit dem Faktor der Auswirkungen des Wachstums multipliziert werden. Auf diese Weise können Sie die wichtigsten Ziele für das Unternehmen innerhalb des Planungszeitraums herausstellen.

Psychologische Sicherheit:
Laut Google-Forschung ist die *psychologische Sicherheit* der Mitarbeiter*innen die wichtigste Voraussetzung für erfolgreiche Teamarbeit. Psychologische Sicherheit bedeutet, dass die Teammitglieder keine Angst haben, im Rahmen ihrer Ziele Verantwortung zu übernehmen und Risiken einzugehen. Bei der Arbeit in einem Team fühlen sie sich sicherer als bei der Arbeit allein. So können Sie den Prozess des ständigen Experimentierens und Lernens im Team in Gang setzen, der für das Wachstum bedeutend ist.

Psychologische Sicherheit sieht wie folgt aus:

- Keine Angst zu haben, Fehler zu machen
- Der Wunsch, neue Ideen zu teilen
- Mut zu neuen Experimenten
- Finden innovativer Lösungen

In Situationen, in denen es keine psychologische Sicherheit gibt, haben die Teammitglieder Angst vor Kritik und Fehlern, was es ihnen nicht erlaubt, zu experimentieren und neue, ungewöhnliche Ansätze für das Wachstum zu entdecken. Schaffen und erhalten Sie in Ihren Teams eine angenehme, offene Atmosphäre des gegenseitigen Respekts, damit jedes Mitglied seine Ideen ohne Angst vor Kritik mitteilen kann. Die Kombination aus einem gut funktionierenden System, der Ausrichtung auf Ziele und einer mentalen Sicherheit ermöglicht es Ihnen, eine Kultur zu schaffen, die dem Wachstum förderlich ist, und Ihr Unternehmen zu erweitern.

Führungskultur und Identität

Zwei der wichtigsten Hebel zur Verbesserung von Leistung Wachstum des Unternehmens sind Strategie und Kultur. Der Plan enthält anpassungsfähige Elemente, um auf Veränderungen von außen zu reagieren. Die Kultur drückt diese Ziele durch Werte und Überzeugungen aus und führt Gruppennormen ein, nach denen die Mitarbeiter*innen ihre Aufgaben erfüllen. Kultur ist keine Strategie. Sie ist ein Hebel, der aus unvorhersehbaren Verhaltens-, Denk- und sozialen Mustern besteht, die sich ständig ändern. Führungskräfte, die leistungsstarke Unternehmen aufbauen wollen, können intelligente Strategien und Ziele entwickeln, aber ihre Pläne sind zum Scheitern verurteilt, wenn sie die Bedeutung der Kultur nicht verstehen.

Kultur steht für die heimliche soziale Ordnung einer Organisation; sie prägt langfristige Einstellungen und Verhaltensweisen. Kulturelle Normen bestimmen, was innerhalb der Gruppe gefördert, verboten, akzeptiert oder abgelehnt wird. Wir gehen davon aus, dass Kultur kontrolliert werden kann. Der erste und wichtigste Schritt, den Führungskräfte tun können, ist zu erkennen und zu verstehen, wie sie funktioniert. Mithilfe dieses Rahmens können Führungskräfte die Auswirkungen der Kultur auf ihr Unternehmen bestimmen und ihre Ausrichtung an der Strategie einschätzen. Die Ergebnisse von mehr als hundert der häufigsten Verhaltensweisen haben uns geholfen herauszufinden, was Kultur ausmacht.

Kultur kann ungeheure Mengen an Energie für ein gemeinsames Ziel freisetzen und zum Wohlstand einer Organisation beitragen. Sie kann sich flexibel und eigenständig als Reaktion auf sich verändernde Chancen und Anforderungen entwickeln. Strategien werden in der Regel von Führungskräften vorangetrieben, während die Kultur die Qualitäten von Führungskräften mit dem Wissen und der Erfahrung von Mitarbeiter*innen der mittleren Ebene verbinden kann.

Vier Kulturen: Wo ist Ihr Scale-up?

Sehen Sie sich in Ihrer Umgebung um, bei anderen Scale-ups oder Unternehmen, in denen Sie in der Vergangenheit als Mitarbeiter*in tätig waren. Wenn Sie deren Lernkultur einordnen würden, wo würde diese liegen?

Eine Kultur des Schlafes ist eine Unternehmenskultur, in der Innovation und Lernen nicht Bestandteil des Erbgutes sind. Das könnte an der Branche liegen oder einfach daran, dass in den letzten Jahren zu schnell zu viel Geld gemacht wurde (ohne Innovation). Ebenfalls könnte die Ursache sein, dass sich das Unternehmen nur auf das Tagesgeschäft konzentriert und keine Zeit oder kein Budget für Entwicklung nutzt. Jahrelanges Wachstum ohne Innovation birgt das Risiko von Gleichgültigkeit und Niedergang. Außerdem gibt es ein weiteres Problem: Es zieht keine kreativen und innovativen Talente an.

Eine Kultur der Inspiration ist nicht starr; Zeit und Budget werden in das Lernen investiert. Die Unternehmen erwerben Ideen und Wissen und geben das Gelernte intern weiter. Allerdings beschränkt sich dieses Lernen hauptsächlich auf Erkenntnisse und Einsichten, und wenn es eine Umsetzung innerhalb dieser Kultur gibt, werden Sie feststellen, dass diese bruchstückhaft ist. Sie findet nur innerhalb bestimmter Rollen oder Funktionsbereiche statt, z. B. in der IT oder im Marketing. Das Hauptaugenmerk liegt nicht auf den tatsächlichen Veränderungen und Verbesserungen, sondern auf Inspiration und neuen Ideen. Es mangelt dieser Kultur an einem organisationsweiten Rhythmus der Umsetzung, was verhindert, dass sie zu einer Kultur des Wachstums wird.

In einer Kultur der Erwartung gibt es Zeit und Raum für Inspiration und Entwicklung. Es existiert ein Blick für alles, was intern und extern geschieht. Die Organisation erkennt Entwicklungen, Trends und Chancen voraus. Lernen entwickelt sich problemorientiert auf der Ebene des Unternehmens, der Abteilung oder des/der Einzelnen. Im besten Fall sind die Möglichkeiten und Erwartungen in Bezug auf Bildung klar. Im schlimmsten Fall ist es die Personalabteilung, die anweist, dass sich die Mitarbeiter*innen weiterentwickeln sollen. Dann treffen Angebot und Nachfrage zusehends aufeinander. In der Praxis hängt die Lernkultur von externen Impulsen und einigen wenigen internen Personen ab, die das Lernen vorantreiben und umsetzen. Die Umsetzung ist hauptsächlich problem- und nicht zukunftsorientiert. Die Lernkultur ist in erster Linie darauf ausgerichtet, auf dem neuesten Stand zu bleiben.

Die besten Scale-ups schaffen es, ein Gleichgewicht zwischen Lernen und Umsetzung zu finden. Sie haben die Arbeit für das Unternehmen ganzheitlich in die gesamte Organisation integriert und gehen von einer sogenannten **Kultur des Wachstums** aus. Die Ziele ergeben sich folgerichtig aus der Strategie. Wenn eine Ihrer Erfolgsstrategien darin besteht, eine erfolgreiche internationale Unternehmenskultur aufzubauen, ist es sinnvoll, dass die gesamte Organisation davon erfährt und diese umsetzen kann. Natürlich haben Sie auch Ziele auf Abteilungs- und individueller Ebene. Organisationen mit einer Kultur des Wachstums arbeiten oft mit einem 90-Tage- oder Quartalsrhythmus, in dem jedes Team ein bestimmtes und greifbares Wachstumsziel formulieren kann.

Kulturellen Wandel managen

Wahrscheinlich sind Sie schon einmal jemandem gegenübergestanden, dessen Tonfall und Mimik das Gegenteil von dem zum Ausdruck brachte, was er Ihnen eigentlich mitteilte. Was geschieht in diesem Fall? Sie trauen dem Gesagten möglicherweise nicht und schenken Ihrem Bauchgefühl mehr Glauben als den offiziellen Aussagen. Das ist normal; das Verbale macht nur 7 % von allen Eindrücken aus, die wir in der Kommunikation wahrnehmen.

In der Unternehmenskultur ist das nicht anders. Wenn zwischen der ausgesagten und der erlebten Unternehmenskultur eine Lücke klafft, setzt sich immer durch, was gelebt und gefühlt wird. Um diese Diskrepanz zu vermeiden, müssen Sie auf zwei Elemente besonders achten:

1: Führungskräfte sind die wichtigsten Träger der Unternehmenskultur. Man kann die Kultur an dem ablesen, was die Führungskraft sagt, und vor allem daran, wie sie ihre Entscheidungen trifft.

2: Übereinstimmung zwischen den Werten und den getroffenen Entscheidungen. Das, was erklärt wird, muss mit dem verknüpft werden, was umgesetzt wird. So vermeiden Sie Unklarheiten, Widersprüche oder sogar paradoxe Entscheidungen.

Heute sprechen wir mehr und mehr über Zusammenarbeit, kollektive Intelligenz, Befähigung und Autonomie. Viele Führungskräfte wollen diese Haltungen in den Kulturen ihrer Organisationen hervorheben. Es kann jedoch sein, dass einige Vorarbeiten erforderlich sind, um die Grundüberzeugungen und Werte mit den Tatsachen in Einklang zu bringen; ein Mangel an Ausgewogenheit wirkt sich nachteilig auf die Ambitionen eines Unternehmens aus. Es ist wichtig, dass Sie einen Wert klar von einer Überzeugung unterscheiden. Nehmen wir das konkrete Beispiel eines Unternehmens, das seine Eigenständigkeit ausbauen möchte. Daher nimmt es die Eigenständigkeit in seine Werte auf, um die damit verbundenen Verhaltensweisen zu fördern. Wenn die Überzeugungen der Hierarchie jedoch nahelegen, dass man den Mitarbeiter*innen nicht trauen kann, dann besteht ein grundlegender Konflikt zwischen den Werten des Unternehmens und seinen Vorstellungen. Dieser Widerspruch wird sich früher oder später zeigen, denn unsere tiefen Überzeugungen spiegeln sich in unseren Verhaltensweisen wider. Es wird dann schwierig sein, die neue Kultur und ihre Ziele aufrechtzuerhalten. Wir befinden uns in einer historischen Phase, in der die Überzeugungen „der Welt davor" nicht mehr mit den

Ambitionen der „Welt danach" übereinstimmen. Damit Ihr Unternehmen in der zukünftigen Welt erfolgreich sein kann, wird es oft notwendig sein, die Unternehmenskultur zu überdenken, sei es für eine einfache Auffrischung oder eine tiefgreifende Veränderung.

Der Werkzeugkasten zur Gestaltung der Unternehmenskultur

Starke und inspirierende Führungskräfte behalten den Zweck und die Mission des Unternehmens im Auge und wissen, warum sie tagtäglich ihrer Arbeit nachgehen. Dies muss jedoch auch mit allen Mitarbeiter*innen des Unternehmens abgestimmt werden. Eine solide und gut abgestimmte Kultur unter den Führungskräften „infiziert" in gewisser Weise die gesamte Organisation.

Eine Unternehmenskultur des Wachstums

Vor ein paar Jahren hat unser Unternehmen ein anderes Unternehmen durch eine Übernahme integriert. Zwei florierende Organisationen mit einer beneidenswerten Situation kamen zusammen: gute Führung, engagierte Mitarbeiter*innen und große Anerkennung auf dem Markt. Allerdings haben wir einige entscheidende Elemente unterschätzt: Der Führungsstil und bestimmte Grundwerte der beiden Organisationen wichen voneinander ab; zwei völlig unterschiedliche Kulturen standen einander gegenüber.

So war diese Integration, die einfach und in Harmonie vollzogen werden sollte, verhältnismäßig konfliktreich und führte zu Frustrationen bei den Mitarbeiter*innen. Im Zuge dieses Abenteuers haben wir Erkenntnisse gewonnen, die ich Ihnen weitergeben möchte, um Sie zum Nachdenken über die Nachhaltigkeit Ihrer Kultur im Kontext des schnellen

Wachstums und Ihren Einfluss als Führungskraft anzuregen. Sind Sie eine Führungskraft, die Veränderungen am Arbeitsplatz umsetzt? Ich stelle Ihnen im Folgenden die besten Wege zur Verbesserung der Unternehmenskultur vor.

1. Bildung von gemeinsamen Werten

Die Bildung gemeinsamer Werte und ein unerschütterliches Bekenntnis zu diesen ist der Schlüssel zu einer hervorragenden Unternehmenskultur. Die Grundwerte einer Organisation spiegeln wider, wie die Teammitglieder miteinander umgehen sollten und wie sie erwarten können, behandelt zu werden. Gleichzeitig ist es wichtig, Werte nicht zu verordnen, sondern den Kolleg*innen die Möglichkeit zu geben, selbst kulturelle Werte zu schaffen. Unternehmenswerte sind die Ideale, an die Ihre Kolleg*innen glauben, und sie sollten lebendig und dynamisch sein, genau wie das Unternehmen selbst. Eine Auffrischung der alten Werte ist ein wirksames Mittel zur Verbesserung und Neudefinition oder zur Schaffung neuer Werte auf der Grundlage des jeweiligen Entwicklungsstandes eines Unternehmens. Manchmal bedeutet dies, Werte zu überdenken oder zu überarbeiten, insbesondere wenn das Unternehmen wächst.

2. Förderung von Vielfalt, Integration und Inklusion

Ein wichtiger Aspekt der Unternehmenskultur ist, dass die Mitarbeiter*innen das Gefühl haben, ein integraler Bestandteil des Ganzen zu sein. Diese Wahrnehmung beginnt mit Vielfalt, Einbeziehung und Inklusion. Der Aufbau von Vielfalt in Ihrer Belegschaft ist nicht nur richtig, sondern verschafft Ihnen auch einen Wettbewerbsvorteil. Untersuchungen zeigen, dass Unternehmen mit einem hohen

Maß an Vielfalt innovativer sind, bessere Entscheidungen treffen und ihre finanziellen Ziele erfolgreicher erreichen. Wie können Sie also Vielfalt fördern? Es gibt einige gute Möglichkeiten, diese in einer Kultur zu verankern. Zum Beispiel:

- **Chancengleichheit bei der Auswahl und Einstellung von neuen Mitarbeiter*innen:** Um eine vielfältige Kultur zu schaffen, beginnen Sie mit der Einstellung und dem Einarbeiten von Mitarbeiter*innen. Unterweisen Sie die einstellenden Führungskräfte darin, bei der Einstellung integrativ vorzugehen. Versuchen Sie, Kandidat*innen aus Minderheiten zu finden und anzuziehen. Konzentrieren Sie sich auf die Schaffung von Chancengleichheit im Umgang mit Bewerber*innen. Stellen Sie sicher, dass Personalverantwortliche und Personalvermittler*innen während des Einstellungs- und Einführungsprozesses stets für Vielfalt und Integration werben.

- **Selbsthilfegruppen für Mitarbeiter*innen:** Selbsthilfegruppen für Mitarbeiter*innen sind Schutzräume. Sie vermitteln ein Gefühl der Zugehörigkeit zu einer Gemeinschaft, die sich aus allen Mitgliedern zusammensetzt. Obwohl Selbsthilfegruppen in der Regel auf Unternehmensebene eingerichtet werden, werden sie oft von Teammitgliedern geleitet, die bereit sind, die Arbeitskultur zu gestalten.

- **Offene Kommunikation:** Damit sich Ihr Team wohl fühlt, sorgen Sie dafür, dass die Mitarbeiter*innen ihre Gedanken bei der Arbeit offen äußern können. Wir führen zum Beispiel sogenannte *Herz-zu-Herz-Gespräche,* um schwierige und unbequeme Themen wie Identität und Ängste zu besprechen.

- **Inklusive Räume:** Eine weitere Möglichkeit, dafür zu sorgen, dass Mitarbeiter*innen ihre Persönlichkeiten entfalten, besteht darin, sicherzustellen, dass sie sich in Ihrem Unternehmen wohlfühlen. Zu diesem Zweck werden Mutter-Kind-Zimmer für berufstätige Mütter, Gebetsräume, Gemeinschaftstoiletten ohne Geschlechtertrennung und Barrierefreiheit geschaffen.

3. **Gegenseitiges Vertrauen schaffen** Eine integrative Kultur basiert auf Vertrauen. Mitarbeiter*innen sollten sich frei äußern können, sodass sie keine Angst haben müssen, riskante Entscheidungen zu treffen und vielleicht zu scheitern. Zu den Elementen des Aufbaus einer Organisationskultur gehört es, einen Raum zu schaffen, in dem Mitarbeiter*innen unabhängig von ihrer Position, ihrer Stellung im Team und der Länge ihrer Betriebszugehörigkeit bereitwillig ihre Ideen und Gedanken mitteilen. Zwischen den Mitarbeiter*innen muss eine offene und ehrliche Kommunikation gefördert werden, um das gegenseitige Vertrauen zu erhalten. Es gibt mehrere Möglichkeiten, diese Voraussetzung in der Unternehmenskultur umzusetzen:

- **Schaffung von Räumen für eine offene Kommunikation mit der Führungskraft des Unternehmens:** Eine Möglichkeit, den Kolleg*innen zu zeigen, dass Sie ihnen vertrauen, besteht darin, ihnen anzubieten, sich mit konkreten Fragen an die Führungskräfte des Unternehmens zu wenden. Selbst wenn es sich dabei um ein Treffen mit dem gesamten Führungsteam handelt – zu zeigen, dass Sie bereit sind, Fragen zu beantworten, stärkt das Vertrauen zwischen Ihnen und Ihren Kolleg*innen.

- **Feedback auf allen Ebenen:** Die Kehrseite der Offenheit ist die Bereitschaft, Anregungen von Kolleg*innen anzunehmen. Meinungsverschiedenheiten sind für eine erfolgreiche Zusammenarbeit unabdingbar und konstruktive Kritik trägt dazu bei, eine stärkere Bindung zu den Teammitgliedern aufzubauen.

- **Erhöhte Transparenz von Projekten, Prozessen und Entscheidungen:** Wann immer es möglich ist, machen Sie Informationen öffentlich oder teilen Sie wichtige Entscheidungen über eine zentrale Informationsquelle mit. Manchmal wollen die Teammitglieder einfach nur verstehen, was vor sich geht und warum eine bestimmte Entscheidung getroffen wurde.

4. **Zuweisung von Verantwortung nach Bedarf** Vertrauen gewinnen Sie, indem Sie den Mitarbeiter*innen ermöglichen, sich an bestimmten Phasen des Entscheidungsprozesses zu beteiligen. Dies kann auf viele Arten geschehen, wobei die Aufteilung der Verantwortung am besten funktioniert. Anstatt nur Rädchen in einer riesigen Maschine zu sein, sollten sich die Mitarbeiter*innen als sinnvolle Partner*innen fühlen. Unserer Erfahrung nach sind Mitarbeiter*innen zufriedener, wenn in einem Unternehmen das richtige Kräfteverhältnis herrscht und alle ihr volles Potenzial ausschöpfen können.

5. **Erhöhen Sie Klarheit und verringern Sie Zerstückelung** Klarheit ist der Schlüssel zu einem wirksamen Arbeitsumfeld

und folglich zu einer soliden Unternehmenskultur. Oft ist die Arbeit über verschiedene Gruppen und Werkzeuge verstreut, sodass der Zugriff darauf erschwert wird. Ohne ein klares Verständnis dessen, was getan werden muss und warum es getan werden muss, kann es sich anfühlen, als würden sich die Räder drehen, aber Sie kommen nicht weiter. Sie sollten eine klare und umsetzbare Möglichkeit schaffen, die tägliche Arbeit mit den Unternehmenszielen zu verknüpfen. Laut einer kürzlich durchgeführten Studie haben nur 26 % der Wissensarbeiter*innen eine klare Vorstellung davon, wie ihre Arbeit mit den Unternehmenszielen zusammenhängt. Das liegt daran, dass die Festlegung von Zielen in einer Präsentation oder Tabelle, die vierteljährlich aktualisiert wird, keine ausreichende Verbindung zu der täglich anfallenden Arbeit herstellt. Wenn Sie ein Team in einem Unternehmen leiten, ist es Ihre Verantwortung sicherzustellen, dass jede*r versteht, welchen Einfluss das Unternehmen auf die Welt hat, wie wichtig Ihre Gruppe für den Erfolg des Unternehmens als Ganzes ist und wie bedeutend die Arbeit jedes einzelnen Teammitglieds ist.

6. **Die Schaffung eines funktionierenden Prozesses für die Auswahl und Anpassung neuer Mitarbeiter*innen** Unternehmenskultur beginnt, wenn jemand mit Ihrem Unternehmen in Kontakt tritt, beispielsweise wenn er/sie eine Anzeige liest, einen Personalverantwortlichen anruft, zu einem Vorstellungsgespräch erscheint oder zum ersten Mal zur Arbeit geht. Der Erfolg des Aufbaus einer starken, integrativen Unternehmenskultur hängt davon ab, wie wohl sich die Mitarbeiter*innen fühlen, wie klar sie die mit der

Einstellung und dem Onboarding verbundenen Prozesse verstehen und wie leicht sie die Informationen finden, die sie für ihre Arbeit benötigen.

Neueinstellungen
Es gibt viele Möglichkeiten, Einstellungsverfahren integrativ zu gestalten.

- **Faire Bezahlung und angemessene Vergütung:** Lohngleichheit ist eine entscheidende Komponente des integrativen Beschäftigungssystems. Es ist kein Geheimnis, dass es bei Löhnen zwischen den verschiedenen Minderheiten Unterschiede gibt. Sie sollten die wichtigsten Lohnkennzahlen Ihres Unternehmens regelmäßig auf eine Differenzierung nach Geschlecht und ethnischer Zugehörigkeit überprüfen. Führen Sie bei Bedarf eingehende Untersuchungen zur Lohngleichheit durch, um sicherzustellen, dass alle Mitarbeiter*innen fair bezahlt werden.

- **Einstellenden Führungskräften beibringen, unbewusste Vorurteile unter Kontrolle zu halten:** Jeder Mensch hat seine unbewussten Vorurteile. Dabei handelt es sich um einen Mechanismus, der es unserem Gehirn ermöglicht, Informationen schneller zu verarbeiten. Vorurteile können sie zu einer Verzerrung der Beurteilung und zur Aufrechterhaltung von Stereotypen führen. Organisieren Sie Schulungen für Führungskräfte und Personalverantwortliche, um unbewusste Vorurteile am Arbeitsplatz rechtzeitig zu erkennen und zu bekämpfen.

- **Ablehnung der Beurteilung aufgrund von Anpassung an die Kultur:** Oft hört man eines der Teammitglieder sagen: *„Die mochte ich, die haben gut in die Kultur gepasst."* Eine solche Aussage kann irreführend sein. Viele Menschen verwenden den Begriff *Kulturkonformität*, um das angenehme Gefühl der Begegnung mit einem/einer möglichen Angestellten oder die positiv wahrgenommene Energie zu beschreiben. Das Problem ist jedoch, dass solche Gefühle eher bei Menschen auftreten, die uns ähnlich sind. Kulturelle Eignung ist wichtig, aber die einstellenden Führungskräfte müssen eine präzise Sprache verwenden, wenn sie potenzielle Mitarbeiter*innen bewerten. Teilt der/die Kandidat*in die Werte Ihres Unternehmens? Stimmen diese mit Ihrer Mission überein? Erklären Sie, inwiefern. Spezifische Beispiele und präzise Formulierungen helfen Ihnen, die Kandidat*innen richtig zu bewerten.

- **Bedeutung von Vielfalt und Integration:** Machen Sie allen Bewerber*innen klar, dass die Schaffung einer integrativen Kultur für Ihr Unternehmen vorrangig ist. Falls Sie dies noch nicht getan haben, können Sie am Ende der Stellenbeschreibung eine kleine Verpflichtungserklärung hinzufügen.

Anpassung

Wenn Sie eine*n neue*n Mitarbeiter*in einstellen, sollten Sie einen Einarbeitungsprozess einrichten, der Ihre Unternehmenskultur widerspiegelt. Im Folgenden finden Sie einige Möglichkeiten, dies zu tun:

- **Neuen Mitarbeiter*innen den Wert der Integration für Ihr Unternehmen vermitteln:** Eine einfache Möglichkeit, neuen

Mitarbeiter*innen das Gefühl zu geben, dazuzugehören, ist die Betonung von Vielfalt und Integration während der Einarbeitungsphase. Neue Mitarbeiter*innen werden durch den Einführungsprozess sehen, dass Ihr Unternehmen sich um Vielfalt bemüht.

- **Unterstützung und Begleitung:** Neue Mitarbeiter*innen werden in den ersten Arbeitstagen schnell müde. Eine einfache Möglichkeit, sie dabei zu unterstützen, sich wohlzufühlen, ist die Einführung eines Mentor*innensystems. Stellen Sie Neulinge erfahreneren Kolleg*innen vor, damit diese sie auf den neuesten Stand bringen können. Die Anwesenheit eines/einer Mentor*in und eines/einer Verantwortlichen für die erste Arbeitswoche macht es neuen Mitarbeiter*innen leichter, ihren Kolleg*innen Fragen zu stellen.

- **Neuen Mitarbeiter*innen Materialien und Zeit zur Verfügung stellen, die sie für ihren Erfolg benötigen:** Bei der Schaffung eines integrativen Umfelds ist zu bedenken, dass nicht jeder Mensch Informationen auf die gleiche Weise wahrnimmt. Wenn Ihre neuen Mitarbeiter*innen an Einführungsaktivitäten teilnehmen, stellen Sie sicher, dass sie Zugang zu den relevanten Präsentationen und Informationen haben, damit sie diese in ihrer eigenen Zeit ansehen können. Außerdem müssen Sie den neuen Mitarbeiter*innen Zeit und Gelegenheit geben, alle Informationen über ihren neuen Arbeitsplatz zu verdauen. Die Eingewöhnung ist ein entscheidender Moment, um sicherzustellen, dass die Mitarbeiter*innen vom ersten Tag an in den Prozess einbezogen werden. Sie gibt den Ton für die Interaktion einer Person mit dem Unternehmen an und legt den Grundstein für die Entwicklung ihres Wissens und ihrer Erfahrung.

Widerstand gegen Veränderungen

Bei der Umsetzung von Veränderungen und Innovationen haben Unternehmen oft mit Widerstand zu kämpfen. Warum ist Widerstand immer noch ein großes Hindernis für organisatorische Veränderungen, wenn wir so viel darüber wissen, und warum bemühen sich viele Akteur*innen, ihn zu überwinden? Veränderungen sind notwendig, und fast jedes Unternehmen wird sich damit auseinandersetzen müssen. Dennoch bleiben sie eine Quelle der Angst für Führungskräfte, Mitarbeiter*innen und Kund*innen. Die meisten Menschen akzeptieren Veränderungen nicht so schnell. Tatsächlich ist Widerstand ein natürlicher Instinkt.

In der heutigen Welt ist der Wandel für den Erfolg unerlässlich. Dies stellt ein echtes Problem für Unternehmen dar. Organisationen können nicht überleben, wenn sie zu langsam für Innovationen sind und es ihnen an professioneller Anpassungsfähigkeit mangelt. Das bedeutet aber unweigerlich, dass viele Menschen mit vielen Veränderungen konfrontiert werden.

Deshalb ist es wichtig zu wissen, wie man mit Widerständen im Veränderungsmanagement umgeht. Veränderungen sind beängstigend und manchmal fühlt es sich besser an, eine gut eingeführte Gewohnheit beizubehalten. Etwas Neues auszuprobieren birgt das Risiko des Scheiterns. Die meisten Menschen würden lieber in ihrer Komfortzone bleiben, als sich auf unbekanntes Terrain zu wagen. Selbst Menschen, die von sich behaupten, sich gerne zu verändern, finden es oft schwierig, sich an einem neu strukturierten Arbeitsplatz zurechtzufinden. Schließlich sind die Entscheidung, das persönliche Leben zu ändern und die Akzeptanz von Veränderungen im Unternehmen zwei unterschiedliche Dinge. Meistens liegt der Grund für den Widerstand gegen Veränderungen am Arbeitsplatz darin, dass Mitarbeiter*innen das Gefühl haben, keine Wahl zu haben. Dadurch entstehen Gefühle von Kontrollverlusts und Unsicherheit. Stellen Sie sich zum Beispiel die Einführung einer neuen Software im gesamten Unternehmen vor. Als Mitarbeiter*in sind Sie mit der alten Plattform vertraut und sehen keine Notwendigkeit, ein neues System einzuführen. Aber Sie wissen, dass es mühsam sein wird, die grundlegenden Funktionen neu zu erlernen. Bewusst oder unbewusst befürchten Sie vielleicht, dass die Umstellung Ihre Arbeitsleistung beeinträchtigen wird.

Allzu oft konzentrieren sich die Mitarbeiter*innen auf das, was sie zu verlieren haben, anstatt auf das, was sie gewinnen können.

Woher rührt der Widerstand?

Der erste und vielleicht offensichtlichste Grund ist die Angst vor dem Unbekannten und der Unsicherheit, die jede Veränderung mit sich bringt. Dies ist eine natürliche menschliche Reaktion außerhalb des Arbeitsplatzes. Die Angst vor dem Unbekannten kann innerhalb einer Organisation Unsicherheit und Unvorhersehbarkeit bedeuten. Ein Sprichwort sagt: „*Das Bessere ist der Feind des Guten*“. Daher werden Mitarbeiter*innen, die den Grund für die Veränderung nicht verstehen, diese als Bedrohung für ihre Arbeitsplatzsicherheit ansehen und sich daher dagegen wehren. Auch die Angst, die Kontrolle zu verlieren, wird bei den Mitarbeiter*innen

Widerstand hervorrufen. Wenn sie das Gefühl haben, dass die aktuellen Veränderungen gegen ihren Willen durchgesetzt werden, werden sie sich unwohl fühlen.

Indem Sie für eine wechselseitige Kommunikation zwischen Führungskräften und Mitarbeiter*innen sorgen, fördern Sie das Gefühl der Zustimmung und lassen die Beschäftigten wissen, dass ihre Meinung zählt.

Wenn die Mitarbeiter*innen nicht das Gefühl haben, dass sie Teil der Entwicklung sind und nicht über den Fortschritt eines Projekts auf dem Laufenden gehalten werden, werden sie sich entweder gegen Veränderungen sträuben oder völlig desinteressiert daran sein.

Keine dieser Reaktionen ist wünschenswert, denn Sie sind auf die Zusammenarbeit auf allen Ebenen angewiesen. Wenn der Veränderungsprozess wirkungsvoll vermittelt wird, die Menschen verstehen, warum die Veränderung stattfindet und wie sie ihr tägliches Leben verbessern wird, haben sie nicht das Bedürfnis, sich dagegen zu wehren.

Schließlich sind wir alle das Produkt unserer Erfahrungen. Wenn Mitarbeiter*innen schlechte Erfahrungen mit organisatorischen Veränderungen gemacht haben, werden sie diese Ängste auf die bevorstehende Veränderung projizieren. Führungskräfte, die diese herbeiführen, müssen sorgfältig auf die Erfahrungen ihrer Mitarbeiter*innen hören, um sicherzustellen, dass ihnen altbekannte Fehler nicht wiederholt werden.

Die überraschenden Vorteile des Widerstands gegen Veränderungen

Entgegen der landläufigen Meinung ist Widerstand gegen Veränderungen nicht per se etwas Schlechtes. Erstens zwingt er die Führungskräfte dazu, ihre Entscheidungen sorgfältig zu treffen. Der Widerstand von Mitarbeiter*innen wirft die Frage auf, ob diese Veränderung zu einem bedeutenden Wachstum führen wird. Mit anderen Worten: *Ist das Spiel die Sache wert?* Diese Überlegung trägt dazu bei, dass kein Geld für Projekte ausgegeben wird, die sich möglicherweise nicht rechnen. Zweitens fördert der Widerstand die Planung und Kommunikation. Die Führungskraft sollte herausfinden, wo Widerstand am wahrscheinlichsten ist, und einen Plan entwickeln, um ihn zu stoppen.

Jetzt, wo uns Veränderung und Widerstand dagegen etwas weniger Angst machen, sollten wir uns ansehen, wie man Menschen bei der Umsetzung von organisatorischen Veränderungen am besten führt. Bei einem leistungsfähigen Veränderungsmanagement geht es darum zu verstehen, was dem Widerstand gegen Veränderungen zugrunde liegt. Von dort aus können Sie die größten Bedenken Ihrer Mitarbeiter*innen ansprechen.

Die besten Strategien zur Überwindung von Widerständen gegen Veränderungen:

Erst zuhören, dann reden: Die erste Strategie zur Überwindung des Widerstands gegen den Wandel ist die Kommunikation. Kommunikation ist lebenswichtig. Das wissen Sie bereits. Versuchen Sie jedoch, Ihren Mitarbeiter*innen die Initiative für das Gespräch zu überlassen. Menschen wollen angehört werden. Wenn Sie ihnen die Möglichkeit geben, ihre Meinung zu äußern, verringern Sie Frustration. Darüber hinaus werden sich die Gedanken, Bedenken und Vorschläge Ihrer Mitarbeiter*innen als äußerst nützlich erweisen, um Ihr

Change-Projekt zu steuern. Wenn Sie diese verstehen, können Sie zumindest die Quelle ihres Widerstands identifizieren.

Die Gründe für die Veränderung vermitteln: Diese Strategie besteht darin, die *WARUM*, *WAS* und *WIE* zu kommunizieren. Entwickeln Sie einen Kommunikationsplan, der darüber hinausgeht, Ihren Mitarbeiter*innen mitzuteilen, was sie tun sollen. Eine einflussreiche Kommunikation ist auf die einzelnen Zielgruppen zugeschnitten und konzentriert sich auf das, was sie interessiert und was sie wissen müssen. Heben Sie hervor, wie diese Veränderung ihnen zugutekommen wird.

Leidenschaftlich sein: Die Art und Weise, wie Sie Veränderungen bekannt machen, hat einen erheblichen Einfluss auf den Widerstand. Das kleinste Zögern kann das Vorhaben gefährden. Wenn Sie die Gründe für die Veränderung mit Begeisterung mitteilen, wird sich Ihre Überzeugung auf andere übertragen.

Mitarbeiter*innen einbeziehen: Veränderungen sind nur möglich, wenn Ihre Mitarbeiter*innen mitziehen. Sorgen Sie also dafür, dass die Anpassungen aus der Sicht der Mitarbeiter*innen angegangen werden. Wenn Sie ein neues Softwaresystem einführen, planen Sie Ihr Projekt mit Blick auf die Akzeptanz der Benutzer*innen und nicht auf die Technologie. Es kommt nicht darauf an, was die Technologie leisten kann, sondern was der/die Benutzer*in damit erreichen wird.

Die Veränderung delegieren: Eine ausgezeichnete Strategie zur Überwindung des Widerstands gegen Veränderungen ist dessen Bekämpfung durch die Kultur. Schulen Sie vorrangig Teammitglieder, die natürliche Führungspersönlichkeiten sind.

Sie werden als Vorbilder und Einflussnehmer für den Rest Ihrer Mitarbeiter*innen dienen. Dies erzeugt einen Dominoeffekt.

Daten zeigen: Obwohl der Widerstand gegen Veränderungen in der Regel eher emotional als rational begründet ist, kann die Verwendung von Daten und Fakten eine wirkungsvolle ergänzende Strategie sein. Ermöglichen Sie Ihren Mitarbeiter*innen den Zugang zu diesen Daten. So können Sie sowohl Ihre Transparenz als auch die Notwendigkeit von Verbesserungen demonstrieren.

Den Wandel in Etappen umsetzen: Ob digital oder anderweitig, eine Umstellung kann nicht über Nacht erfolgen. Eine schrittweise Umsetzung ermöglicht es den Mitarbeiter*innen, den Wandel langsam anzugehen und sich dabei neue Fähigkeiten anzueignen.

Den Umgang mit Veränderungen trainieren: Der Widerstand gegen Veränderungen wird in der Regel von Angst angetrieben. Um dem entgegenzuwirken, können Mitarbeiter*innen viele einfache Übungen machen, um das Gefühl der Veränderung zu trainieren. Diese Übungen machen Spaß und lösen im Gegensatz zu einer echten Veränderung kein Gefühl der Gefahr aus. Damit soll gezeigt werden, dass man sich relativ schnell an eine neue Realität gewöhnen kann, auch wenn der Unterschied anfangs unangenehm sein kann.

Eine wirksame Kultur beginnt mit Engagement: Der Aufbau einer Organisationskultur erfordert Zeit und Mühe, aber eine einflussreiche Kultur ermöglicht es den Mitarbeiter*innen, ihr Bestes zu geben. Eine solche Kultur entsteht nicht von selbst. Sie sind für ihre zielgerichtete Gestaltung, Entwicklung und Formung verantwortlich.

Zusammenfassung

Folgend werden noch einmal die wichtigsten Punkte zusammengefasst, die Sie im Umgang mit Mitarbeiter*innen beherzigen sollten, um ein Umfeld zu schaffen, das Produktivität, Kreativität und den Austausch von Erfahrungen begünstigt. Dazu müssen alle Führungskräfte und Mitarbeiter*innen einige grundlegende Werte befolgen:

Sicherheit

In einer Kultur des Wachstums müssen alle Mitglieder des Unternehmens bereit sein, die Verantwortung für ihr Versagen zu übernehmen. Diese Einstellung muss bei den Führungskräften beginnen, die als Vorbild für ihre Mitarbeiter*innen dienen. Wenn Führungskräfte fair und transparent handeln, neigen andere dazu, dieses Verhalten nachzuahmen. Auf diese Weise beginnt das Team, mehr Autonomie und Verantwortung zu übernehmen und jeden Tag bessere Ergebnisse zu erzielen.

Fortlaufendes Lernen

Etablieren Sie eine offene Führung, die Raum für Fragen bietet, wie auch immer sie lauten mögen. Niemand sollte aufgrund einer Frage beurteilt werden, so schlecht sie auch erscheinen mag. Kümmern Sie sich außerdem um die berufliche Entwicklung der Mitarbeiter*innen. Bieten Sie Schulungen an, die ihre Stärken ausbauen und ihnen helfen, neue Fähigkeiten zu entwickeln.

Innovation

Innovation ist für das Wachstum eines Unternehmens unerlässlich. Daher muss die Suche nach neuen Herausforderungen zum Arbeitsalltag gehören. Erlauben Sie Fachleuten, ihre Ideen zu präsentieren und auszuprobieren. Geben Sie ihnen alle Unterstützung, die sie brauchen, um ihre Projekte bestmöglich zu entwickeln. Viele werden keine Ergebnisse hervorbringen, aber die, die funktionieren, können das Niveau des Unternehmens steigern.

Feedbacks

Denken Sie daran, dass eine formelle und regelmäßige Leistungsbewertung, wie sie in großen Unternehmen üblich ist, nicht ausreicht. Um wirksam zu sein, muss das Feedback fortlaufend erfolgen. Loben Sie, üben Sie konstruktive Kritik und helfen Sie Ihren Mitarbeiter*innen, sich jeden Tag weiterzuentwickeln. Auf diese Weise wird die Entwicklung sowohl für die Mitarbeiter*innen als auch für das Unternehmen beschleunigt. Des Weiteren sollten nicht nur Führungskräfte Feedback geben. Erlauben Sie den Mitarbeiter*innen, auch Sie zu bewerten. Jede*r übernimmt die Verpflichtung, zur Entwicklung des Unternehmens beizutragen.

Einfühlungsvermögen

Berücksichtigen Sie stets die persönlichen und beruflichen Bedürfnisse Ihrer Mitarbeiter*innen. Seien Sie flexibel, hören Sie zu, und versuchen Sie, das Team nicht zu überfordern. Führungskräfte müssen immer offen für den Dialog sein und ihren Mitarbeiter*innen zur Seite stehen.

Positives Klima

Zahlreiche Faktoren beeinflussen die Leistung Ihrer Mitarbeiter*innen, und einer der wichtigsten davon ist das Betriebsklima. Es ist bekannt, dass Mitarbeiter*innen, die mit ihrem Arbeitsumfeld zufrieden sind, besser arbeiten und mehr leisten. Führen Sie daher Maßnahmen durch, die das Klima im Unternehmen angenehm halten. Fördern Sie *Happy Hours*, Veranstaltungen zur gegenseitigen Wertschätzung und gute Beziehungen zwischen allen Teammitgliedern.

Leistung sollte nicht das einzige Ziel sein, auf das sich das Unternehmen tagtäglich konzentriert, sondern die Zufriedenheit und das Engagement des Teams. Auf diese Weise sorgen Sie für eine viel wirksamere und nachhaltigere Entwicklung.

Abschließende Überlegungen

Als Bertelsmann sich von Ecko, dem innovativen Multi-Mediaversender verabschiedete, machte das Unternehmen aus meiner Sicht einen großen Fehler. Manchmal stelle ich mir die Frage, wie mein Leben verlaufen wäre, wenn ECKO heute an der Stelle von Amazon stünde. Das Ur-Konzept von Amazon wurde also in Deutschland erfunden, scheiterte aber an einem Mangel an Innovation, Vorstellungsvermögen und Risikobereitschaft.

Trotz unseres gravierenden Scheiterns haben wir nicht aufgegeben und sind wieder auf die Beine gekommen. Deshalb habe ich dieses Beispiel ausgewählt, um Ihnen zu zeigen, dass auch Sie das können. Lassen Sie sich nicht unterkriegen und lernen Sie aus meinen Fehlern. Zum Schluss noch einmal eine gute Dosis an Inspiration: Denn neben den fachlichen und verhaltensbezogenen Fähigkeiten kann eine erfolgreiche Führungskraft auch durch gute Vorbilder geprägt werden. In diesem Sinne werden hier noch einige Spitzenführungskräfte in ihren jeweiligen Branchen aufgelistet.

Bill Gates

Besonders für junge Aufstrebende kann Bill Gates eine nützliche Quelle der Inspiration sein. Schließlich hat er sich zu einer der weltweit bekanntesten Führungskräfte entwickelt, als er im Alter von 21 Jahren zusammen mit Paul Allen *Microsoft* gründete. Eines der berühmtesten Zitate von Gates sagt viel darüber aus, wie wichtig es ist, Erfolge zu würdigen, aber vor allem aus Fehlern zu lernen:

„Es ist in Ordnung, Erfolg zu feiern, aber es ist wichtiger, die Lektionen des Scheiterns zu beherzigen.“

Obwohl er vor mehr als zehn Jahren aus der Führung von Microsoft ausgeschieden ist, übt das Tech-Genie seine Führungsrolle weiterhin durch Wohltätigkeit aus. Menschen, die für die *Bill & Melinda Gates Foundation*, die größte philanthropische Gruppe der Welt, arbeiten, helfen Menschen in Not und kämpfen für die Gleichstellung der Geschlechter am Arbeitsplatz.

Luiza Trajano

Apropos Frauenpower und berufliche Gleichstellung: Wie wäre es, wenn wir eine Frau hervorheben, die eine kleine Ladenkette in Sao Paulo in eine der weltweit führenden Marken verwandelt hat? Luiza Trajano, Gründerin des Magazins *Luiza*, ist seit über 25 Jahren ein Beispiel für unternehmerische Führungsstärke. Als sie in den 1990-er Jahren ihre Produkte ins Internet brachte, war sie eine der Ersten Online-Händer*innen. Ihr virtuelles Ladenmodell wurde weltweit kopiert, und ihre Bemühungen werden noch heute gebührend gewürdigt. Lange Zeit war die Geschäftsfrau für das Magazin *Luiza's SAC* verantwortlich, um noch enger mit der Öffentlichkeit in Kontakt zu treten und ihr Geschäft auszubauen. Weibliche Führungspersönlichkeiten können nie genug gewürdigt werden, da es immer noch eine erhebliche historische Schuld gibt, die es zu beheben gilt.

Steve Jobs

Schließlich darf in unserer Liste eine Führungspersönlichkeit nicht fehlen, die stets Wert auf Kompetenz, innovative Gedanken und das Streben nach fortlaufender Verbesserung gelegt hat.

Jobs hat eine Eigenschaft, die alle erfolgreichen Führungskräfte in Bezug auf Talent und Kreativität gemeinsam haben: Belastbarkeit.

Der Schöpfer von *Apple* war dafür bekannt, dass er auch dann weitermachte, wenn alles sich gegen ihn verschworen hatte, was sich in einem Zitat von ihm zusammenfassen lässt:

„Ich bin überzeugt, dass etwa die Hälfte dessen, was erfolgreiche Unternehmer von nicht erfolgreichen Unternehmern unterscheidet, reine Beharrlichkeit ist."

Erfolgreiche Führungskräfte erreichen diese Stellung nicht zufällig, sondern durch ihren Einsatz. Natürlich spielt auch Talent eine Rolle, aber was letztendlich am meisten zählt, ist der Ausbau von Fähigkeiten, eine gute Portion Inspiration und das Streben nach ständiger Weiterentwicklung.

***

Wenn Ihnen dieser Titel gefallen hat und Sie mehr über die anderen Themen lesen möchten, die mein Leben verändert haben, dann schauen Sie sich meine neuen Bücher bei Amazon oder auf meiner Website www.my-mindquide.com an. Bleiben wir auch über die sozialen Medien in Verbindung! Bitte schreiben Sie mir auf Facebook oder Instagram und ich halte Sie auf dem Laufenden! Sie können mir auch gerne direkt Ihre Gedanken mitteilen: gassner@my-mindquide.

com. Im Gegenzug sende ich Ihnen eine wunderschöne Infografik, die Sie ausschneiden und einrahmen können. Hinterlassen Sie bitte auch eine Rezension auf Amazon, denn so kann ich ein noch größeres Publikum erreichen. Vielen Dank für Ihre Zeit, Ihren Durchblick und Ihren unbändigen Wissensdurst!

Danksagung

Ich möchte mich bei all meinen Kolleg*innen, Kund*innen, Freund*innen und Familienmitgliedern bedanken, die dazu beigetragen haben, dass ich heute so bin, wie ich bin. Ich möchte auch Gabriel Palacios danken, einem Schweizer Bestsellerautor, dem König der Hypnotherapie. Er hat mir so manchen neuen Trick beigebracht und mich tief in das Geheimnis der Hypnotherapie eintauchen lassen. Ich habe auf diesem Weg so viel gelernt, dass ich jetzt selbst ein zertifizierter Master-Hypnosecoach und Gesprächscoach bin. Außerdem möchte ich mich bei den fantastischen Lehrer*innen von *SAMYANA/Bali* bedanken, die mich zum zertifizierten Yoga- und Meditationslehrer ausgebildet haben. Nicht zuletzt gilt mein besonderer Dank meinem Meisterlehrer Eckhard Wunderle, der für mich fast ein Heiliger ist. Er hat mich in die Welt der Meditation eingeführt und mich all die Wunder entdecken lassen, die sie zu bieten hat. Ich könnte nicht stolzer sein, dass ich meine Zertifizierung zum Meditationslehrer direkt von ihm am Institut für Spirituelle Psychologie erhalten habe. Frieden, Liebe und Glück für Sie alle und bis zum nächsten Mal.

Literaturverzeichnis

Amazon stock Forecast & Predictions for 2021 and Beyond. Abgerufen von: *https://www.litefinance.com/blog/analysts-opinions/amazon-price-prediction-forecast/*

Atlantis (2019). Google is 21 years old, all about Google | Made in Atlantis. Abgerufen von: *https://madeinatlantis.com/2019/10/06/google-is-21-years-old-all-about-google/*

Boris, G., Jeremiah, L., Jesse, P. & J. Yo-Jud, C. (2018). The Leader's Guide to Corporate Culture. Abgerufen von: *https://hbr.org/2018/01/the-leaders-guide-to-corporate-culture*

Chris, S. (2018). Top 6 Strategies to Overcome Resistance to Change. Abgerufen von: *https://medium.com/@changemblog/top-6-strategies-to-overcome-resistance-to-change-fc458e4f0a8d*

Forbes Coaches Council (2021). 15 Pitfalls New C-Suite Leaders Face (And How To Avoid Them). Abgerufen von: *https://www.forbes.com/sites/forbescoachescouncil/2021/11/30/15-pitfalls-new-c-suite-leaders-face-and-how-to-avoid-them/*

Gary R. Collins, Ph.D. | People Builder's Blog | Page 13. (2013). Adult Education: The Old and the New. Abgerufen von: *https://peoplebuilder.wordpress.com/author/peoplebuilder/page/13/*

HR Consultant (2021). Growth culture: find out why to adopt it in the company. Abgerufen von: *https://hrconsultantuk.co.uk/growth-culture-find-out-why-to-adopt-it-in-the-company/*

Hyperloop | transportation project, California, United. Abgerufen von: *https://www.britannica.com/technology/Hyperloop*

Inc Africa (n.d.). 20 Habits of Highly Successful and Effective Leaders. Abgerufen von: *https://www.inc.com/gordon-tredgold/20-habits-of-highly-successful-and-effective-leaders.html*

Jamie, P. (2018). The ten reasons why startups fail – Dynamic Business. Abgerufen von: *https://dynamicbusiness.com/topics/start-up-entrepreneur/the-ten-reasons-why-startups-fail.html*

Jamie, P. (2019). 10 Reasons Why Startups Fail. Abgerufen von: *https://www.jamiepride.com/blog/10-reasons-why-startups-fail*

Jeff, H. (2014). 10 Things Only Exceptional Bosses Give Employees. Abgerufen von: *https://www.linkedin.com/pulse/20140630120036-20017018-10-things-only-exceptional-bosses-give-employees*

Jesse, N. (2021). The Art of Decision-making as an Innovation Leader. Abgerufen von: *https://www.disruptorleague.com/blog/2021/04/20/the-art-of-decision-making-as-an-innovation-leader/*

Julian, S. (2021). Elon Musk. Abgerufen von: *https://saflyer.com/elon-musk/*

Larry, W. & Jim, M. (2012). Good Fail, Bad Fail: What Made Caterpillar And Unmade Enron. Abgerufen von: *https://www.fastcompany.com/3001913/good-fail-bad-fail-what-made-caterpillar-and-unmade-enron*

Larry, W. & Jim, M. (2012). Is Your Fear of Failure Holding You Back?. Abgerufen von: *https://www.cnbc.com/id/49478594*

Larry, W. (2011). Leadership Lessons | Learning From Failure. Abgerufen von: *PeoriaMagazines.com. https://www.peoriamagazines.com/ibi/2011/nov/leadership-lessons*

Managing across cultures – E-Book. Abgerufen von: *https://studylib.net/doc/8160100/managing-across-cultures---e-book*

Matias, R. (2016). Addressing the five negative influences on organizational culture. Abgerufen von: *https://workplaceinsight.net/addressing-five-negative-influences-organisational-culture/*

Nasir, K. (2016). Why Failure is Good for Success!. Abgerufen von: *https://www.lihttps://www.cnbc.com/id/49478594nkedin.com/pulse/why-failure-good-success-nasir-khan*

Neil, P. (n.d.). All Entrepreneurs Fail: How to Use Failure to Your Advantage. Abgerufen von: *https://neilpatel.com/blog/entrepreneurs-fail/*

Sabrina, M. (2021). Assignment 1.docx – Week 4 Tesla Inc. Abgerufen von: *https://www.coursehero.com/file/126157348/Assignment-1docx/*

Samuel, A. (2017). 10 Actions That Will Kill Startup Employee Motivation. Abgerufen von: *https://www.startups.com/library/expert-advice/11-actions-that-will-kill-your-startups-motivation*

Sherri's, C. (2018). 8 Habits of Highly Successful Leaders – Entrepreneur. Abgerufen von: *https://www.entrepreneur.com/article/308282*

Tegra (n.d.). How does a company's growth culture evolve? Abgerufen von: *https://tegra.co/blog/how-does-a-companys-growth-culture-evolving/*

Teller report (2021). Jeff Bezos leaves operational controls of Amazon, leaving behind a strong legacy. Abgerufen von: *https://www.tellerreport.com/news/2021-07-05-jeff-bezos-leaves-operational-controls-of-amazon--leaving-behind-a-strong-legacy---france-24.rJW4MX0gTd.html*

The Brilliance (2020). 8 Habits Of Successful Leaders You Should Consider. Abgerufen von: *https://www.thebrilliance.org/habits-of-successful-leaders/*

What are the different types of organizational cultures? Abgerufen von: *https://tedomidile.weebly.com/uploads/1/3/2/7/132712102/3209c55d78fc0.pdf*

Authors portrait

Kurt Friedrich Gassner hat im Laufe seines Lebens viele Rollen gespielt. Unter anderem war er Serienunternehmer, Kreativdirektor, Meditationslehrer, lizenzierter Hypnosetherapeut und seit kurzem auch Autor für Selbstverbesserung. Durch die Nutzung seines Erfahrungsschatzes und seiner fundierten Kenntnisse der Psychologie gibt er seinen Lesern die Werkzeuge an die Hand, die sie benötigen, um ihr unendliches Potenzial zu entfalten.

Als produktiver Selbsthilfe-Autor hat Kurt die folgenden Bücher verfasst: *Die Kunst des Vergebens, Lügen oder Sterben, Soul-Match, Kann man einen vergifteten Verstand erben? und Die Macht der Armut.* Er ist auch Autor eines Kinderbuch-Bestsellers im deutschsprachigen Raum und hat über 20 Bücher in Arbeit.

Wenn es um dauerhaften Erfolg geht, weiß Kurt, dass finanzieller Wohlstand nicht der einzige Aspekt ist, nach dem man streben sollte. Er mag ein Selfmade-Millionär sein, aber was sein Leben wirklich verändert hat, ist die Beherrschung seines Unterbewusstseins. Beharrlichkeit, persönliche Stärke, Selbsterkenntnis und das Lernen aus vergangenen Fehlern waren die wichtigsten Zutaten, um seine Träume zu verwirklichen. Er bemüht sich, diese Weisheit durch sein Schreiben an andere weiterzugeben.

In seiner Freizeit reist Kurt Friedrich Gassner entweder um den Globus, geht golfen, radelt in den Alpen, wandert oder verbringt Zeit mit seinen Lieben. Seit 37 Jahren ist er glücklich verheiratet und Vater von zwei erfolgreichen Kindern. Zurzeit wohnt er in München, Deutschland, und Kirchberg, Österreich.

OTHER BOOKS BY THE AUTHOR

BÜCHER VOM AUTOR IN DEUTSCHER AUSGABE

OTHER BOOKS BY THE AUTHOR

OTHER BOOKS BY THE AUTHOR

ECKO
FIRED FOR SUCCESS?
TRUE STORIES AND MANAGEMENT LESSONS FOR OUR TOUGH CHANGING TIMES
KURT GASSNER

ECKO
WEGEN ERFOLG GEFEUERT
Eine wahre Geschichte über das Scheitern in Unternehmen und was junge Führungskräfte aus einer Fehlerkultur lernen können.
KURT GASSNER

Unlocking
The Healing
Power of Pets
What Pets Can Tell You About Your Soul
KURT GASSNER

Heilkraft
Unserer
Lieblinge
Was Haustiere über Ihre Seele verraten können
KURT GASSNER

THE
BLISS OF
STRUGGLE
WINNING STRATEGIES
FOR DEMANDING TIMES
KURT GASSNER

STARK
DURCH
„STRUGGLES"
DAS IDEALE MINDSET,
UM KRISEN ZU MEISTERN
KURT GASSNER

LIE LYING
& LIAR
A LIE HAS NO LEGS BUT IT HAS WINGS
KURT GASSNER

LÜGE LÜGEN
& LÜGNER
EINE LÜGE HAT KEINE BEINE, ABER SIE HAT FLÜGEL
KURT GASSNER

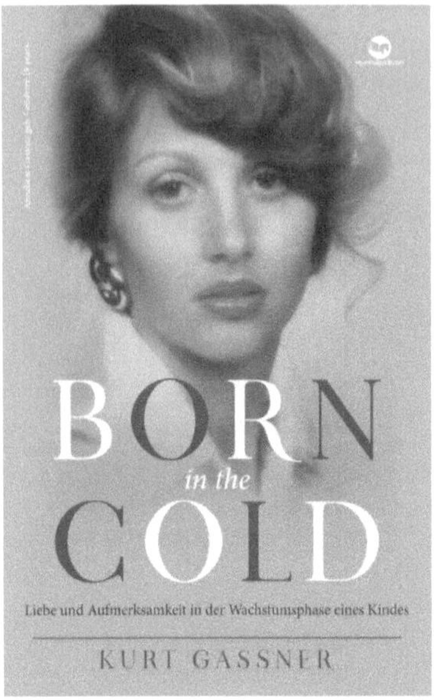
BORN
in the
COLD
Liebe und Aufmerksamkeit in der Wachstumsphase eines Kindes
KURT GASSNER

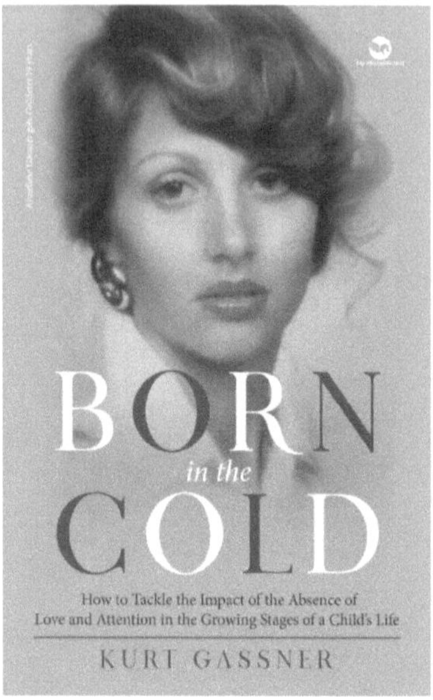
BORN
in the
COLD
How to Tackle the Impact of the Absence of
Love and Attention in the Growing Stages of a Child's Life
KURT GASSNER

SOPHIAS WUNDERWELT
10 ERZÄHLUNGEN
KURT GASSNER

SOPHIA'S WONDERWORLD
10 TALES
KURT GASSNER

BESTSELLING AUTHOR OF
The Art Of
FORGIVNESS
AMAZON
#1
BESTSELLER
My-mindguide.com
A practical guide for
self healing and
overcome past traumas
The Art Of
FORGIVNESS
KURT GASSNER
The Art Of
FORGIVNESS
KURT GASSNER

See me also on Wikipedia

https://en.wikipedia.org/wiki/Kurt_Gassner